地球絶景星紀行

美しき大地に輝く星を求めて

駒沢満晴

はじめに

【地球のとっておきのステージで宇宙の光を浴びる、撮る！】

世界遺産の影響もあり、最近地球の絶景に対する関心が高いと思います。ＴＶやＤＶＤ、雑誌、書籍を見てもその種の企画を扱ったものを目にします。何故人々を惹きつけるのでしょうか。それは人間が決して作り出すことの出来ない、この地球の大自然が産み出した神秘や驚異といったものが理屈抜きに人々に感動を与えるからだと思います。と同時に素晴らしいものをもっと知りたい、見たいという人間本来の好奇心もあるからです。

そしてただ行って観光するだけでなく、そこで宇宙の魅力にも触れる（スターウオッチングをする）というのが本書の特徴です。今の日本では街の光の影響で美しい星空がどんどん奪われ、星空に親しむ機会が少なくなっています。地球の絶景といわれるところは例外なく星空も美しいものです。さらに星空だけでなく天文現象であり、私のライフワークである流星がその絶景の頭上に輝く、というシーンを撮影するのが最大の目的です。巻頭に掲載した写真のほとんどは月明かりを利用して撮っています。これにより地上の絶景と星空両方のイメージを表現しています。「美しき地球・輝ける宇宙」といったことを少しでも伝えられればと思うからです。

また最近、パワースポットなどと呼ばれる場所が取り上げられています。科学的な根拠はわかりませんが、地球が創り出した傑作ともいえるそのような地で星空や流星が奏でる光を浴びる、それ自体リラクゼーション効果もあると思います。

【流星、流星群とは】

それでは私のライフワークである流星とは何なのか説明したいと思います。何気に星空を眺めているとき流星を見た人もいると思います。流星とは宇宙空間を漂っている塵（ちり）が地球の大気に突入して光る現象です。よく「流れ星を見たら消えるまでに三回願い事を言うと叶う」と言われますが、流星の光っている時間はほとんどが一秒にも満たないのです。実際には一回言うことさえ難しいでしょう。まれに大火球といって数秒間も明るく輝いているものもありますが、実際に出会ったならばあまりの美しさと驚きで願い事を言うことすら忘れてしまうでしょう。流星と出会うには街明りの影響のない星空の美しい場所に行き、三〇分も夜空と付き合えば一個か二個は見られる可能性は高いです。しかし一年の中で特定の日に多く出現する日があります。

それが「流星群」と呼ばれるもので、出現する方向からの星座の名前を取り、〇〇座流星群といいます。本書の撮影は日食とウユニ塩湖以外は全てその流星群の日に合わせています。最も有名な流星群は二〇〇一年に日本で歴史的な大出現をしたしし座流星群です。この時は一時間に千個を超える出現を見せました。

これほどまでではないにしろ八月一二日のペルセウス座流星群、一二月一三日のふたご座流星群も、暗い夜空であれば毎年安定して一時間に数十個見られます。つまり流星群の出現日（極大日とも言う）が流星を観測、撮影するのに最も適しているわけです。

【ダストトレイル理論】

本文中にも何度か出てきますが、イギリスの天文学者、D－アッシャー氏の唱えた理論です。従来は流星の出現時刻の予測は地球と母彗星の軌道が交差する日時でしたが、一九九八年のしし座流星群では最大の出現が大きくずれてしまいました。母彗星が回帰し太陽に近づく度にその熱であぶられ、新しい塵の集団（ダストトレイル）が形成されます。しかしこの塵の集団は必ずしも母彗星の軌道と同じではないことがわかりました。年代ごとに形成された塵の集団の軌道を精密に計算することで、より正確な流星群予測が可能となったのです。流星群の輝きというのは母彗星がまさに骨身を削ることによって生じているわけです。

本書は地球の絶景といわれる地で星空だけでなく、その頭上に輝く流星も撮影する、という点においても世界で初の試みだと思います。またオーロラや皆既日食など天空現象の絶景も取り上げています。スターウオッチングや流星の美しさの理解の一助、また収録されている地を訪れるときの少しの参考になれば幸いです。

目次

地球の絶景と星空・流星

イエローストーン ｜ ペルセウス座流星群と北斗七星

朝日に輝く尖塔群▲

ペルセウス座流星群の火球▼

アメリカ・ブライスキャニオン

▲夕日に燃えるレッドキャニオン

▼天使の園に舞う、はくちょう座流星群

朝の白砂漠▲

石灰の奇岩としし座流星群の火球▼

エジプト・白砂漠

ハワイ
キラウエア

▲朝のハレマウマウ火口

▶ハレマウマウ火口に向かって飛ぶ、ふたご座流星群

ブラックサンドベイスンのサンセットプール▲
クレサイドラガイザーの間欠泉とペルセウス座流星群▼
アメリカ・イエローストーン

▲神秘！ グランドプリズマティックスプリングの月光白虹

▼石灰棚ミネルバテラスとペルセウス座流星群

夕照のムスターグアタ。パミールを代表する名峰▲

カラクリ湖の全天星空写真。驚異的な天の川の輝き▼

中国・パミール高原

▲カラクリ湖の朝の光芒

▼カラクリ湖に映る三日月、金星、オリオン座。星の色がよくわかる

ブルーメンタールの花園よりユングフラウ三山▲

花園とメンヒ。画面中央上寄りに流星▼

スイス・ミューレン

▲ユングフラウヨッホの環水平アーク

▼ブルーメンタールよりユングフラウ三山、ペガススの四辺形と流星

老寨山より奇峰群に沈む夕日▲

プレアデス、ヒアデス星団としし座流星群の火球▼

中国・桂林

オーストラリア・グレートオーシャンロード

▲12人の使徒に沈む夕日

▼12人の使徒とほうおう座

青空よりも青く！ サファイアブルーの湖面▲

幻の流星が眼前に！ 湖上のぎょしゃ座流星群▼

アメリカ・クレーターレイク

▲湖岸からターコイズ、コバルト、サファイアブルーと変化する色あい

オーロラとふたご座流星群大火球▲　アイスランド

ゲイシールの間欠泉。約5分おきに30mほど吹き上がる▼　アイスランド

▲山の上のオーロラが火山の噴火のようだ。ふたご座流星群が飛来

▼色彩を極めたオーロラとふたご座流星群の競演

雲を貫く大流星▲

カナダ・イエローナイフ

夢のシーンが現実に！ 月暈に向かって飛ぶペルセウス座流星群▼

▲フォートマクマレーのオーロラ。湖面にも映える

▶天使の翼のような夏のオーロラ

▲夜明けの氷海と月

◀氷海に舞うオーロラと北斗七星

グリーンランド

▲夕日を受け、輝く氷山

▶月光に照らされる氷山。淡いがオーロラも出ている。海面との際が碧色となり美しい

ウユニ塩湖の全天星空。天の川と東西の黄道光のクロスが圧巻▲

夕照のウユニ塩湖。亀甲状の幾何学模様がピンクに染まる▼

ボリビア・ウユニ塩湖

▲アンデス山脈上空に現れた彩雲。緑、ピンクに美しく色付いている

▼中央右上に大マゼラン雲。中央地平線近くにエータ・カリーナ星雲

敦煌。夕照の鳴沙山▲

奇跡！ 雲間の皆既日食（伊吾）。地平線が夕焼色に染まる▼

中国・皆既日食

一章——大地の絶景と星との競演

天使の園に舞う流星、満月に浮かぶ巨岩峰

アメリカ・ブライスキャニオン、ザイオン

【驚異の大地・グランドサークル】

アメリカの原風景であり、数々の西部劇映画の舞台でもあるモニュメントバレー。ＴＶのＣＭにもたびたび登場するが、ここを中心に半径約二〇〇キロの円を描いてみると、この中に実に多くの大地の織り成す絶景がある。先ずあまりにも有名なグランドキャニオンを起点に時計回りに見てみると、巨岩王国ザイオン、天使の園ブライスキャニオン、キャピトルリーフ、天然野外美術館アーチーズ、キャニオンランズといった驚異ともいえる大自然。さらに先住民の住居跡で世界文化遺産のメサベルデ、化石の森、アリゾナ大隕石孔といったものもある。

このアリゾナ、ユタ、コロラド、ニューメキシコ、四州にまたがる円を俗に「グランドサークル」と呼ぶ。この中でグランドサークルの華ともいわれ、繊細な岩塔群が美しいブライスキャニオンと岩の大伽藍が素晴らしいザイオン両国立公園でペルセウス座流星群と星空の撮影をすべく遠征する。シルクロード・伊吾皆既日食の余韻もさめやらない帰宅後わずか一週間のことだ。

【火山の噴火で流星群極大逃がす】

二〇〇八年八月一一日、成田よりユナイテッド航空でロサンゼルスへ向かう。順調に飛行していたが、日付変更線を超えたあたりだったろうか、機内に次のようなアナウンスが流れた。「アラスカの火山の噴火の影響により飛行進路を南へとります。予定時刻を越えますがご了承ください」と。一瞬頭が真っ白になってしまった。ロサンゼルスへ到着後、国内線に乗り換えてユタ州のセントジョージへ行く。そしてセントジョージでレンタカーを借りて今宵の目的地ブライスキャニオンへ行くわけだが、乗り継ぎ時間が二時間だ。もし一時間以上遅れたらセントジョージ便に乗れない可能性が大きい。

ちょうど自分の斜め後ろの座席にロサンゼルス空港に詳しい日本人がいたので聞いてみる。「私はロスは初めてですが、もし一時間位の遅れであれば間に合いますか」と。すると彼は「一時間以内ならなんとか間に合うかも知れませんね」と答えた。今晩がペルセウス座流星群の極大日（最も出現する日）だ。もし万が一間に合わなかったとしても今日中にセントジョージへ行くことができるだろうか。いやたとえ次便があったとしても到着が夜二〇時を越えてしまったらレンタカーもクローズしているだろう。そうなったらセントジョージで撮影するしかないだろう。でも撮影に適する場所はあるだろうか、とあれこれ思いをめぐらす。

そうこう考えるうちにロサンゼルスに着いた。結局一時間の遅れとなった。急いで入国審査へ向かう。しかしこの時点で乗り継ぎはもうあきらめざるを得なかった。入国審査で長蛇の列だ。ここで一時間もかかってしまい、もうセントジョージ便に乗る時間はとうに過ぎてしまった。さてそうなるとチケットの変更手続きだが、ユナイテッド航空のカウンターがこれまた長蛇の列だ。結局自分の番がくるまで一時間以上かかってしまった。

カウンターで係りの人が「今日はもうセントジョージ便はない。明日ロスからのは昼過ぎの便になるが、ソルトレイクシティー経由なら朝の便がある」と言う。私はできるだけ早い方がいいので経由便を選択した。すると日本人のスタッフを呼び「これからホテルへのシャトルバスの出ている停留所へ一緒に行こう」と停留所まで車で連れて行ってくれた。

親切にしてくれたのはありがたかったが、正直もう疲れてしまい今宵のペルセウス座流星群のことはもう完全にあきらめた。その後気が抜けたこともあり、ロスのホテルで爆睡してしまう。本当は一日でも余裕があればいいのだが、中国・伊吾日食に行ってきたばかりだ。夏の休暇とはいえ仕事場にはできるだけ短い休みしか申請しずらい。そういうわけで今回はタイトな日程にならざるを得なかった。でも、着いたその日に車を飛ばし即撮影というのも結構きついものがあるので、これは「休んでから行け」、という天の計らいと言い聞かせて納得する。

【神の国・ザイオン】

翌朝ソルトレイクシティー行きの飛行機に乗り込む。ロスは雲一面だったが、内陸部へ入るにしたがいだんだん晴れてきている。この下はおそらくモハベ砂漠だろう。まもなくすると下一面が真っ白ではないか。グレートソルトレイクだ。この大きな塩湖は車の最高速のテストなどによく使われるところだ。空港に着き、今度はセントジョージ行きに乗り換える。昼過ぎセントジョージ空港に到着。売店でパンとミルクを買い昼食とした。

レンタカーで先ずザイオンに出発だ。ハイウェイ一五号を二〇分ほど北上し出口から降りる。州道九号を進めばザイオンなのだが、道路に何も標識とかなかったので確認のため老夫婦に聞いた。「ザイオンへはこの道を進めばいいのですか」。すると反対方向を指差したのでその方向を進んだら一方通行となり、何と再びハイウェイに入るハメになってしまった。逆方向なのですぐに出口で降り、再度ハイウェイに入りまた降りる。さっきの道を進むと進行方向のはるか遠方に岩山群が見えるではないか。「あれがザイオンだ。間違いない」と確信し、そのまま進む。

一時間半ほどでスプリングデールというザイオン観光の拠点となる町に着いた。目前には赤茶けた巨大な岩峰が大迫力で聳えている。思わず道路脇に車を停めて撮影する。「神の国」に着いたんだ！という実感がしてきた。人智を超えた巨岩の数々、ザイオンとは旧約聖書に出てくる神の国のことだ。国立公園の入り口ゲートで入園料二五ドルを払う。もうここからは絶景の連続だ。周囲の岩の色に合わせ道路も茶色にカラー舗装されている。道路は駐車スペースもあるが、とにかく見上げる岩峰の迫力がすごい。特にイーストテンプルと呼ばれる岩山はいまにものしかかってくるような感じだ。

このザイオンは地層が気の遠くなるような年月をかけて堆積、隆起、侵食して形成された。岩肌が赤茶色なのは酸化鉄を含んでいるからだ。ザイオンの核心部であり、高低差七〇〇メート

ザイオン。車道から見上げるイーストテンプルの大伽藍。恐ろしいほどの迫力だ

ルを超える世界最大の一枚岩、グレートホワイトスローンへは国立公園の中心であるビジターセンターからシャトルバスを使わないと行けない。しかし駐車場も混んでいたし、今日の目的地はブライスキャニオンなので割愛し先を急ぐ。道路が上り坂となりトンネルに入る。トンネルは一キロ以上ある。トンネルを抜けると様子ががらりと変わった。

これまでの巨岩群から樹木と岩の織り成す庭園風の景色になる。岩の色も灰白色のものもあるし、縞模様があったりと独特な雰囲気だ。規模は小さいがバベルの塔のような岩もある。トンネル出口には岩の上部に天然のアーチもある。

やがて正面にメサのような台地状の山が見えると、国立公園の圏外となった。

【夕日に染まるレッドキャニオン】

ザイオンを後に二〇分ほど走るとカーメルジャンクションに到着。ここはあさって宿泊する場所だ。ここから国道一二号を北に進む。一時間でパンギッチという町に着いたが、今日の宿はこのモーテル、ニューウエスタン。パンギッチはこれぞカントリーという雰囲気のいい町だ。実はこの町の少し手前を右折して二〇分でブライスキャニオンに着く。当初はブライスキャニオン国立公園入り口にあるルビーズインを希望したのだが、すでに満杯だった。園内にもブライスキャニオンロッジがあるのだが、当然こちらも満杯。

モーテルにチェックインし、さっそくブライスキャニオンへ向かう。今からならちょうど夕日の光景が撮れるだろう。途中ブライスキャニオンを下から見たかのような赤い岩肌の岩塔の一群がある。これがレッドキャニオンだ。これでも十分素晴らしい。ならばブライスキャニオンのすごさたるやいかほどか、期待に胸が膨らむ。しかしここでミスを犯してしまった。国立公園のゲートで気がついたのだが、入園料の紙幣をモーテルに置いてきてしまったのだ。カードでは当然無理だ。これでは入園できないので引き返すしかない。

しかし幸運なことに、先のレッドキャニオンがまさに夕日を浴び真紅に輝いているではないか！　おりしもBGMはジョンデンバーのカントリー、「太陽を背に受けて」。もう雰囲気は最高潮だ。急いで撮影する。アメリカ人も車を停めて撮影している。

【ピンクのクリフに舞う流星】

近くのストアで今晩の夕食、撮影中の食料を調達する。夕食後一息つき、二〇時ブライスキャニオンへ出発する。国立公園のゲートはもうこの時間無人で自由に出入りできる。本当は明るいうちにロケハンをして撮影地を決めなければならないが、結果的にぶっつけ本番となってしまった。ただ、ガイドブックの詳細な地図や写真を事前に見てこのポイントからはこんな感じだろう、というイメージはだいたい持っていた。

いくつかポイントはあるが、撮影場所はサンセットポイントとある程度目星はつけていた。しかし真っ暗なので入り口を探すのに少してこずってしまう。サンセットポイントの駐車場に車を停め、さっそく荷物を持って展望台へ行く。そこには憧れ続けていた光景が月齢一二の月に照らされ、幻想的に浮かび上がっている。

天候は北方向を中心に多少雲がある。キャニオンの谷底を見ると何やら光がある。隣にいるアメリカ人女性に「あの光は何ですか」と聞くと、「ナイトハイキングよ」と答えた。

ここでは天候の良い満月前後の日にはそういったツアーがあるようだ。月光に浮かび上がる岩塔の間を巡るのもさぞかしロマンチックだろう。最近は月光を売りにしているツアーも聞く。たとえばアメリカならホワイトサンズの白い砂丘、伊吾日食の時に行った敦煌・鳴沙山、アフリカのビクトリア滝にかかる月の虹などだ。歩道の手すりを利用して月を撮っている人もいる。

月光に浮かぶブライスキャニオンの尖塔群とカシオペヤ座、淡いが右上にペルセウス座流星群

しかし雲も結構多い。雲の間をペルセウス座流星群が飛ぶのがわかる。私はまだ撮影態勢に入っていない。もう少し晴れ間が出てからにする。だんだんと雲も切れ、二二時より撮影を開始する。目的は月光に照らされたキャニオンの頭上に輝く流星だ。ただ月の高度が高い早い時間帯は写真が平板になってしまう。月が低くなったほうが下部にシャドーができ、立体感が出る。できればその時間にいい流星が出てくれることを期待するが、これればかりは流星しだいだ。

しかも極大一日後のわりにはあまり活発な印象はない。結局、月が山陰に沈む翌日の午前一時過ぎまで手応えを感じることはなかった。しかし月が完全に沈み暗夜になったとたんに、マイナス二等の流星が二個続けて北東ぎょしゃ座の方向に飛ぶ。アメリカ西部は人口密度が希薄で、街から少し離れただけで素晴らしい星空だ。展望台からは東が地平線近くまで開けている。今度は薄明で地平線がオレンジに色付くところに流星が飛ぶシーンに狙いを移す。まだ時間があるので車の中で休憩をする。

再度撮影に行くが、今度は展望台から谷に少し下った場所にする。ここからは雷神のハンマーと、スリーシスターズと呼ばれる岩塔のシルエットが絵になる。撮影開始すぐに流星群に属さない散在流星が飛んだ。さらにペルセウス座流星群の明るい流星がいくつかカメラアングルに入った。ただ惜しいことに東の地平線に雲があり、思ったほど色が付かなかった。日中三〇度近くあった気温も二〇〇〇メートルを超えているので一〇度を切っているだろう。結構冷えてき

ブライスキャニオン。雷神のハンマー、スリーシスターズとペルセウス座流星群

た。帰宅後現像したフィルムには撮影中気が付かなかったが、南の低空にマイナス五等（ほぼ金星と同じ明るさ）のペルセウス座流星群の大流星が写っていた。

撮影を終え車に戻り休憩。今度は朝日に輝くキャニオンのシーンだ。再び展望台へ行く。地平近くに雲があるが太陽が雲の上から顔を出してきた。朝日を浴びて岩塔群がみるみるうちにピンクに染まっていく。「信じられない美しさだ」。ついに天使の園が最高の瞬間を見せてくれたのだ。もう夢中でシャッターを切る。気が付くとまわりはこの光景を見にきた人たちでいっぱいになった。暗いときは全く気が付かないが、遠方の崖にいくつも地層がある。地層が傾いてめり込んだようになった部分もあり、難破した巨大な航空母艦のようだ。

今夜も同じ場所で撮影した。天候は快晴だったものの流星はさらに減った。撮影したという手応えはなかったが、やはり現像したら今度は北の低空にはくちょう座流星群の流星が写っていた。しかも月が地平線近くなので下部にシャドーが出来、キャニオンもオレンジに色付くというイメージ通りの写真となった。この流星群は出現数が少なく写れば貴重なので、うれしさもひとしおだった。さぞ尖塔群の頭上を優雅に舞ったことだろう。

ブライスキャニオンは天使の園と呼ばれているが、これ以外にも近未来都市、亡霊が肩を寄せ合っている、などと形容されたりもする。このような特異な景観はどのようにできたのだろうか。川が柔らかい砂岩の台地の東側を浸食し断崖を作る。この崖を雨水などがさらに浸食し、細かいいくつもの崖（フィン）を形成する。さらにその崖の上部が雨水の浸食や化学反応により尖塔（フゥードゥ）となる。あまりに有名なグランドキャニオンは桁外れのスケールだが、尖塔はほとんどない。この繊細な尖塔群こそがブライスキャニオンの景観の価値を高めているのだ。ブライスキャニオンの地層はザイオンより新しい時代に形成され、ピンククリフと呼ばれている。

キャニオンにはいくつものハイキングコースがある。私は撮影疲れで昼過ぎまで寝ていたのでハイキングはしなかった。またキャニオンを空から眺めるヘリコプターツアーもある。冬は雪が積もり、クロスカントリースキーも出来る。四季折々に楽しめそうだ。

【満月下のザイオン】

八月一四日、ザイオン方向へ戻りカーメルジャンクションのモーテル、ベストウエスタンに宿をとる。本当は歴史のあるザイオンロッジかせめてスプリングデールに宿を求めたかったのだが、もう満杯だった。今回の旅の星空のフィナーレは月光に照らされる大岩峰の星景写真だ。もう流星は期待できないので、各ポイントで何カットか撮影できればいい。

夕食を済ませ、二一時モーテルを出る。今夜も快晴だ。夜間は無人となる国立公園のゲートをくぐり、さらに長いトンネルを抜けると右手に圧倒的な迫力でイーストテンプルが聳えている。道路端に車を停め撮影するが、カメラの仰角をかなり上げないとイーストテンプルの上に輝く星と一緒に写せない。

道が下り坂となりビジターセンター方向へ向かう。ビジターセンターの手前に博物館があり、その裏からはタワーオブザバージンという大岩峰の連なりが素晴らしい。特に左端の大伽藍はウエストテンプルといい、高度差は何と一〇〇〇メートルを越える。ここでその頭上に輝くこぐま座の星景写真を何カットも撮った。月齢は一四とほぼ満月大なのだが、空気が澄んでいるせいか星もよく見える。シャトルバスのみで一般車の乗り入れは禁止されている道路を行けば、グレートホワイトスローンや司教の宮殿と呼ばれる巨岩峰も撮影できるが割愛し、カーメルジャンクションへ向かう。

ザイオン。縞模様が特徴的な岩塔とカシオペヤ座

トンネルを出ていくつかのポイントで撮影。圧倒的な迫力の岩峰はないが、縞模様の美しいものが多い。撮影中、車が一台通り窓からアメリカ人の若者が手をふってくれた。撮影中は意識しなかったが、ザイオンは肉食獣のピューマが生息している。こちらの存在に気づけば向こうから寄ってくることはまずないだろう。翌〇時に撮影を終了しモーテルへ戻る。朝フルーツで軽く食事を済ませ、再びザイオンの絶景の中を走りセントジョージ空港へ。シアトルで最後の夜を過ごし翌日成田へ向かう。

結果的にペルセウス座流星群の極大日を逸すことになったが、もしぎりぎりの日程の中で強行し、事故でも起こしたらそれこそ元も子もない。飛行機が遅れたことはむしろ幸運ととらえ、プラス思考にシフトすることが大事だと思う。

星空にこだまするベドウィンの歌声

エジプト・白砂漠

【サハラの幻想―白砂漠】

白砂漠という名前は以前から聞いたような覚えはあったが、漠然と砂漠の砂が白いからそう呼ばれているのだと思っていた。しかし数年前、某旅行会社のサハラ砂漠のツアー特集のパンフレットを見て初めてわかった。パンフレットの写真には広い砂地に無数の石灰岩の白い奇岩が林立している不思議としかいいようのない光景が写っていたのだ。このときから白砂漠の景観が頭から離れられなくなった。

インターネットで検索し、実際に行った人のブログを読むと「まるで他の星に来たみたいだ」、「今度は是非ここでキャンプをし、満天の星を見てみたい」といったことが書かれていた。非常に魅力的な場所であることは間違いない。そしてこの白砂漠で流星の写真を撮るチャンスはすぐにめぐってきた。

二〇〇八年一一月一七日、しし座流星群の母彗星であるテンペル・タットル彗星が一四六六年に回帰したときに放出された塵の集団（ダストトレイル）が日本時間の一〇時頃地球と接近する予報が出されたのだ。もちろん日本では観測できない。エジプトなら七時間の時差があるから最良の条件で観測できる。さらに当夜は月齢一八の月があり、月明かりに浮かぶ白い奇岩の上を流星が飛ぶという大変幻想的な写真を撮ることができる。こうしてその年の九月、某旅行会社のサハラの旅説明会に足を運び、その場で個人手配として申し込んだ。

【バハレイヤオアシスへ】

日程は一一月一四日出発、一九日帰宅の現地三泊だ。せっかくエジプトに行くのだからもっと古代遺跡を見る余裕が欲しかったが、相変わらず仕事等の都合でタイトな日程にならざるを得ない。実は今回、仕事仲間に直前近くになって行くことを言ったので、責任者からかなりお叱りを受けた。ただそうはいっても心地よく協力してくれる仕事仲間には感謝したい。そして、しし座流星群は二日目の夜なので初日でないだけまだいい。しかしここへきて問題が起きてしまった。カイロから白砂漠と全行程のガイドの手配がなかなか決まらないのだ。聞けばガイドはこの時期、団体旅行優先で私のような個人旅行にはあきがほとんどないようだ。白砂漠へ行くことなど個人の力では到底無理なので、最悪ガイドの手配が付かなければあきらめざるを得なかった。しかしようやくガイドが決まったとの報告を受けた。なんと出発の前日だった。

一四日の夜、羽田より関西国際空港へ。関西国際空港からエミレーツ航空で中東のドバイ空港へと向かう。折からの燃油サーチャージで航空運賃が七万円近く上がってしまい、今回の旅の総予算は三〇万円台後半となってしまった。エミレーツ航空の客室乗務員はベージュのスーツに白いスカーフの付いた赤い帽子を被っており、なかなか洒落ている。約一一時間のフライトでドバイ国際空港に到着。さすが中東の大都市、空港も近代的で大変大きい。さらに三時間の乗り継ぎ時間を経て、九時にエジプト航空でカイロに向かう。

まもなく眼下に一面茶色の大地がみえる。サウジアラビアのネフド砂漠だろう。乗客に日本人の年配の一団がいたので、「白砂漠には行かれるのですか」と聞いたら「行きたいけど今回のツアーには入ってないのよ」と言う。私がそこでキャンプをする、と言ったら大変うらやましがられた。やはり白砂漠は憧れの絶景地なのだ。四時間ほどでカイロに到着。

到着すると旅行会社の係りの人が迎えに来た。ただスーツ姿だったのでガイドではないと思った。やはりそうでビザ申請の代行に来たのだった。ビザ取得後、入国審査を経て空港の外へ出る。さっそく送迎の車に乗り、ギザのピラミッド観光に向かう。

途中旅行会社のオフィスでスーツの人が別の人と入れ替わった。今度の人はピラミッドのガイドだ。ギザに到着。さすがに人も多い。有名なクフ王のピラミッドの内部を見学する。入口から入るとまもなく鉄製の階段となる。上がっていくがこれがかなり長い。なにしろピラミッドの高低差は一五〇メートル近くある。途中までだとしても相当登るわけだ。一五分ほどで階段のてっぺんに来た。そこは広い空間で隅にひつぎがあった。ひつぎといっても中は何もなかった。ピラミッドの外に出て今度はスフィンクスを眺めに行く。

車に戻り、再びオフィスへ行く。ここで今回の旅をともにするガイドが現れた。名前をムスタファ・ヘルミーといい、若いが身長二メートルあろうかという大男だ。エジプトも中国同様、ガイドとドライバーの計二名がワンセットとなる。

バハレイヤオアシス、インターナショナルホットスプリングの本館

今夜の宿であるバハレイヤオアシスまでは四時間ほどかかる。カイロ市内のレストランで昼食を取る。ナンのようなものにサラダやスイーツが出たが、ムスタファがスイーツを「自分の分もたべてもいいよ」と言う。なかなか親切そうな感じだ。

カイロも結構交通量が多い。右手にナイル川が見えてきた。川の向こうに高層ビルも見える。まもなくすると郊外の交通量の少ない一本道となった。この道をひたすら行くのだろう。途中カフェで休憩、コーヒーを飲む。地平線まで見渡せるはずだが雲があり、夕日が沈むシーンを撮りたかったがこの状況では無理だ。走り続け、ようやく今宵の宿であるバハレイヤオアシス、インターナショナルホットスプリングに着いた。

【黒砂漠・クリスタルマウンテン】

インターナショナルホットスプリングのオーナーはドイツ人で奥さんは日本人だ。フロントには白砂漠の写真が飾られていた。まさしくイメージする光景だった。奥さんに、「この写真のような場所で星の写真が撮りたいんですよ」と言うと、「白砂漠と一口にいってもすごく広いんです。二日間あるのだからいろいろ回ってみたらいいですよ」と言った。宿泊棟は離れたところにあり、一つ一つのキャビンの形式を取っている。この点アメリカのグランドティトンのロッジと同じだ。夕食はやはり別棟のホテルのレストランで済ませた。

朝目覚めると快晴だ。昨日は暗くて気づかなかったが、ホテルの本館の外観色は青と白のツートンでまるで地中海のリゾートのようだ。朝食後、いよいよ白砂漠に向かうのだが、ここからは四WDに乗り換える。ドライバーも白砂漠を知り尽くした地元のベドウィン族の人となる。年配のベドウィンのドライバーはカラフルなベールを被っている。バハレイヤの集落を抜けると、やがて前方に黒っぽい円錐形をした山がいくつも見えてきた。黒砂漠だ。玄武岩を含んでいるので黒く見えることからこの名前が付いた。

車は舗装路から砂漠の中へ入って行った。規模は大きくないが砂丘がある。その砂丘を越え

黒砂漠。黒い玄武岩が表面を覆っているためこの名前がついた

たりするのだが、ちょっとしたジェットコースターの気分だ。やがて黒い山の麓に着いた。ここから少しウォーキングだ。車は反対側で待っている。しばらく涸れた谷（ワディ）を登るが周りには黒光りした岩がたくさんある。ムスタファが「山の頂上まで登らないか」と言う。高低差は一〇〇メートル程度だが、早く白砂漠に着きたかったので遠慮した。黒砂漠からすぐにクリスタルマウンテンに到着。ここは全山方解石で出来ており、表面に方解石の結晶が露出している。一通り見て車に戻り空を見ると、太陽の周りに暈が出ていた。

【観測場所が違う！】

クリスタルマウンテン見物の後に昼食となる。昼食はちょっとしたオアシスにある藁で組んだような小屋で取った。中はゴザのようなのが敷いてあり、テーブルが置いてある。周りを見るとヨーロッパ系やインド人もいる。なるほどバハレイヤで泊まったホテルの名前（インターナショナルホットスプリング）の通りだ。食事休憩後、白砂漠へ向かう。

舗装路から離れ、砂地を下っていく。すると下の方に白っぽい岩峰が見えてきたではないか。いよいよ白砂漠だ！　何だか未知の惑星に来たみたいだ。しかし車は砂地の途中で一旦止まった。するとドライバーもムスタファも降りて何やら砂の中を探している。ムスタファが手に取ったものは貝の化石だった。にわかには信じられないが、ここは太古の昔海の底だったのだ。

谷に下り少し歩いてみる。谷といっても水はない。周囲はベージュ色の崖に囲まれた感じだ。岩に穴が開いたところもありアーチ状になった部分もある。足元の砂地には黒い碁石のような石が落ちている。しかしここは思い描いていた白砂漠の景色ではない。確かに鋭い針のような岩塔もあるが、真っ白な石灰の奇岩が林立している光景はどこにもない。太陽を見るともう西の空に低く傾いているではないか。

私はちょっといやな予感がしてきた。「ひょっとすると今夜はここでキャンプとなるのか」。思い切ってムスタファに聞いてみる。「ここは白砂漠でしょう。写真で見るような白い岩はどこにあるの」。するとショッキングな答えが。「その場所は明日行くんだよ」。やはり今夜はここでキャンプだ。今からでもその場所に行けないかと頼んだら、ドライバーが「その場所はここから一時間はかかる。今からではもう遅いよ」と。

今夜はしし座流星群の極大日だ。白い奇岩の頭上を飛ぶシーンを夢見ていたが、その写真はあきらめざるを得なくなった。もっと事前に行程の確認をするべきだったと後悔する。しかし幸いなことに、テントを張るすぐ側に高さが七メートル位のスフィンクスのようなベージュ色の岩があり、これをモチーフに撮影することにする。南方向から見ると先端部がサーベルのように尖っていて面白い。

ドライバーが車の天井に積んであったキャンプ道具を降ろし、さっそくテントの設営だ。慣れているようで手際がいい。私とガイドのテントを設営後、車にシートを掛けて簡単なダイニングスペースと自分のねぐらを作った。持参の木々で焚き火をたく。日中三〇度以上あった気温もみるみるうちに下がってくる。アメリカのブライスキャニオンもそうだが、砂漠気候は一日の気温の変化が大きい。ムスタファが「写真はこの近くで撮って。遠くには行っちゃだめだよ。スネークやスコーピオンがいて危険だから」とアドバイスする。やがて夕食となる。煮物中心だが、食後のドリンクにペプシコーラを出してくれた。

空を見るともう満天の星だ。ライチネンの予想したしし座流星群の母彗星が放出した塵の集団が深夜三時位に来る。撮影は二時過ぎからにする。それまでに少し仮眠をとることにする。二時より撮影の準備に入る。気温もかなり下がり、おまけに風も結構強い。カメラ三台をセットするが、スフィンクス岩の南に二台、自動露光のものを岩の東側に置いた。

多少薄雲がある中、二時半撮影開始。するとマイナス二等の流星が早々と南に流れた。「これは幸先いいぞ」と思ったが後が続かない。三時三五分にカシオペヤ座の右にようやく赤く輝くマイナス三等の火球（木星より明るい流星）が出現。五時近くまで撮影したが、結局明るい流星はこれだけしか観測しなかった。月齢一八の明るい月明かりを考慮しても活発な印象はなかった。ただ後日フィルムを現像したら四時四六分、西の空にマイナス四等の火球が写っていた。

【まるでSFの世界！】

撮影終了後、少し休憩する。やがて朝日が出てきた。スフィンクス岩が黄色く色付いている。ドライバーが朝食の準備を終えたが、ムスタファがなかなかテントから出て来ない。ドライバーがテントを叩きながら「スタホォ、スタホォ！」と呼んでいる。それでも起きて来ないので大きい声で「キャプテン！」と叫ぶと、まだ眠そうな目をしながらようやく出てきた。エジプト人にとってキャプテンと呼ばれることは自尊心をくすぐるようだ。

朝食後、テント等を撤収し車は砂地から舗装路に入る。これから白砂漠の核心地帯に行くのだが、前方に石灰岩質の断崖の連なりが見える。車は舗装路を外れその断崖に近づく。車から降り、少し周辺を歩いてみる。純白の断崖は高低差一〇〇メートルはありそうだ。迫力もあるが非

白砂漠で出会ったラクダの親子

常に美しい。ここも星景写真にはうってつけの場所だ。舗装路に戻り今度は反対側の道に入っていく。するとあるではないか。写真で見た白いキノコのような岩が。高さは三メートルほど。下部が長年の砂による浸食でくびれている。ここでしばらく休憩する。

しばらく休んだ後、昼食を取るオアシスまで行く。着いたオアシスは林の中に水が流れており、昼寝にも最高の場所だ。ここにシートを敷きナンのようなものやフルーツを食べた。帰り際、ラクダの一行が来た。皆カメラを持ってラクダ達を撮りに来る。オアシスを後に砂地の奥へと入っていく。すると石灰岩のお椀を伏せたような岩が無数にある場所に来た。一体どのようにして出来たのだろうか。本当に不思議だ。

さらに奥へ進むとついに白砂漠のイメージ通

白砂漠の奇岩。まるで人間が作った彫刻のようだ

りの場所に着く。褐色の砂地に高さ五メートル前後の石灰質の岩塔が無数に林立し、ここが同じ地球なのかとても思えない異質の光景だ。SF映画のロケには最高だろう。かなり広いが、ここのシンボルとなっている場所に来た。そこにはまるで人間が大きなノミで彫刻したとしか思えない、鳥の形をした岩と大きくくびれた長いキノコのような岩があった。ムスタファに「これは人が作ったものでしょう」と聞くと、いや「ナチュラルさ」と答える。ドライバーが指差し「コブラがいるぞ!」と言う。一瞬本物かと思いびっくりしたが、コブラが鎌首をもたげたような岩だった。空を見ると太陽の周りにまたも暈が出ていた。ドライバーが今夜のキャンプ場所を選定する。テントを設営して夕食の準備だ。太陽が沈むと西の雲が美しい茜

色に染まった。夕食後、だんだんと夜の帳がおりる。今夜は月が二一時過ぎに出てくる。それまでは暗夜なのでその状態の星景写真も撮影したい。はくちょう座が西に傾き天の川がはっきり見えてきた。完全に暗夜となった。それにしても何という暗さだろう。空と地平線の判別が付かない。これだけ暗いとテントから離れすぎると戻れなくなるかも知れない。まるで大自然の巨大迷路だ。

【星空ライブに感激!】

安全を確認し撮影開始。まもなくすると明るい流星が飛んだ。「おうし座流星群か!」。実はこの年はおうし座流星群も条件が良かった。この流星群は一〇月下旬から一ヶ月活動をする。昨日しし座流星群が意中の場所でなかったので、今夜はおうし座流星群に期待したのだ。撮影を続ける。

すると何やら遠くからリズミカルな太鼓の音と情熱的な歌声が聞こえてくるではないか。ベドウィンが歌っているのだ! 他のツアーのキャンプだろう、ときおり大きな声を発声する。私は何か体が熱くなるような感動を覚えた。この世のものと思えないファンタスティックな地で満天の星空の下、砂漠に生きる民の熱き魂に触れるが思いだった。洒落たライブハウスのステージもいいが、こんな星空の下での野外ライブも素晴らしい!

まもなくベドウィンライブも終わると月が出てきた。引き続き撮影するが、おうし座流星群がなかなか出てくれない。一旦テントに戻り休憩する。深夜三時頃外へ出てみるが、その光景はまさに別世界だった。天頂近く昇った月に照らされて、周囲の白い奇岩が浮かび上がり、夜なのにまばゆい光の世界にいるような不思議な感覚だった。

夢心地で朝を迎える。地平線から昇る朝日に照らされて奇岩がピンク色に染まる。ベドウィンのドライバーが、東方メッカの方角に膝まずき祈りを捧げている。その敬虔な姿に心打たれる。朝食を済ませ、名残惜しいがすぐに出発しなければならない。今日の夕方の便でカイロを発つのだ。ひたすらカイロまで走る。

白砂漠は広大だが、何となく全貌が見えてきた。石灰岩の断崖がさらに浸食が進んで多数の奇岩地帯となるのだろう。つまり昨夜撮影した場所は、現時点での浸食の最終形態なのだと思う。カイロ市内に着くと結構渋滞している。市内のレストランで遅めの昼食を取り空港へ向かう。別れ際ムスタファが今回の旅にあたって自分たちの評価について、アンケート用紙に記入して欲しいと言ってきた。私は無事に終わったことと、しし座流星群が撮影できた感触から全て満点を付けて彼に渡した。しし座流星群の極大日に自分がイメージしていた場所と違ってしまい狼狽したが、どんな状況下であれ最大限の努力をすることが重要だ。

地球の鼓動と宇宙の神秘を体感!

アメリカ・イエローストーン

【世界初の国立公園】

世界に先駆けて国立公園制度を確立させたアメリカ。そのコンセプトは「すぐれた自然景観を保護しつつ、だれもがその景観に接することができる」というものだが、一八七二年その記念すべき第一号に指定されたのがワイオミング州・イエローストーンだ。ここではまさに地球の驚異の姿を目の当たりに見ることができ、グランドキャニオン、ヨセミテとともにアメリカの大自然ビッグ三といえるだろう。一九七八年には世界遺産にも登録された。北緯四三〜四五度に位置するので日本の最北端とほぼ同じだ。

イエローストーンと一口にいっても範囲が広く、大きく分けて五つのエリアから構成される。イエローストーンといえば、地面から天に向かって吹き上げる間欠泉を思い浮かべる人が多いだろう。事実スーパーボルケーノ（超巨大火山）といわれるだけあって、間欠泉の数は世界一だ。間欠泉といえば本書でも収録したアイスランドやアタカマ高地にもある。その間欠泉の密集地帯をガイザーカントリーという。イエローストーンでは最も南に位置する。間欠泉のほかに青、緑、赤といったさまざまな美しい色の温泉池も多数存在する。

ガイザーカントリーの北には間欠泉と並んでイエローストーンを代表する景観がある。石灰岩でできた階段状の棚田のような地形に水が流れ落ちている光景だ。この場所をマンモスカントリーという。同じく世界遺産に指定されている中国の黄龍、トルコのパムッカレ、そして日本の山口県・秋吉台の千枚皿なども同種のものだ。

マンモスカントリーの東には広々とした高原地帯が広がっている。野生のバイソンが最も多く生息しているエリアでルーズベルトカントリーという。ルーズベルトカントリーの南、つまりガイザーカントリーの東にもなるがキャニオンカントリーと呼ばれるエリアとなる。ここは読んで字のごとく深さ三〇〇メートルにもなる大峡谷で、落差九三メートルのロウアー滝の景観はイエローストーン有数の絶景だ。最後のエリアはキャニオンカントリーの南のレイクカントリー。琵琶湖の半分の面積のイエローストーンレイクがあり、釣りなどのアクティビティができる。

このように多種多様な景観が集まり、他に類をみない絶景地であるイエローストーンで流星の星景写真を撮ることは私の夢でもあった。そしてそのチャンスはついに二〇〇九年の夏にやってきた。その年の八月一二日、ペルセウス座流星群の母彗星であるスイフト・タットル彗星が一六一〇年と一八六二年に回帰したときに形成された塵の集団（ダストトレイル）が地球に接近する予報が出された。しかし日本だと昼過ぎから夕方にかけてとなる。最も条件がよいのは北米大陸だ。そして流星群の極大には月齢二〇の下弦前の月もあり、地上の景色も十分描写できる。このときを逃してなるものかと、前年のブライスキャニオンでの撮影が終わった時点ですでに来夏の撮影はイエローストーンと決めていた。

【シェーンの舞台・グランドティトン国立公園】

昨年のブライスキャニオンでのタイトな日程でペルセウス座流星群の極大を逃してしまった反省から、今回は余裕のある日程をとった。仕事仲間にも前々から言っており、幸いお盆の時期で夏の長期休暇も取りやすかった。八月八日、先ず成田からソルトレイクシティーへ。夏休みのお盆と言うこともあり空港は非常に混んでいて、チェックインするのに一時間近くかかってしまった。無事ソルトレイクシティーへ到着。昨年の因縁の空港だが、記憶に新しいので気分的にも楽だ。ここからデルタ航空でジャクソンホールへ。一時間ほどで到着。ここがイエローストーンへの出発点となるのだが、実はすでに国立公園の中なのだ。といってもイエローストーンではなく、その南に隣接しているグランドティトン国立公園だ。

グランドティトンといえば山好きな人なら知っている人もいるだろう。「アメリカで最も美しい山岳景観」といわれ、最高峰はティトンの四一九七メートル。何よりもアルプスを思わせる豪快な岩峰群は素晴らしい。西部劇映画の名作「シェーン」の舞台であり、ラストで少年が「シェーンカムバック!」と叫ぶ印象的なシーンがある。そのとき主演のアランラッド演じるガンマンが去り行く方向に聳える山こそ、このグランドティトンなのだ。この絶景はジャクソンホール空港からも見えるが、あいにく曇っていて山頂部は雲に隠れている。

空港で予約してあったレンタカーの手続きにいく。係りの男性は何と日本語が話せた。さすが

ジャクソンホールハイウェイよりアメリカ山岳美の象徴、グランドティトン

インターナショナルだ。私が日本語で「天気は良くなりますか」と聞いたら「さあわからないね」と答えた。ジャクソンホールハイウェイを北へ走り、今宵の宿である国立公園内のジャクソンレイクのほとりにあるシグナルマウンテンロッジに向かう。晴れていればアメリカ最高といわれる山岳景観を西に見ながらの快適なドライブなのだが。三〇分ほどで到着。ロッジといっても多数あるキャビンの一つで、キッチンはなくトイレ、シャワーは付いている。

ここからはティトンは南へ遠くなってしまうが、かわりに標高三八四二メートルの堂々たるモラン山が湖を前景に望め、ティトンに勝るとも劣らない景観だ。実は一九七二年の八月、この湖畔で白昼に隕石がモラン山の頭上を飛行していくシーンが撮影されている。流星星景写真が私のテーマだが、いつの日かそんなシーンを撮影してみたいものだ。夕方頃晴れてきたので、湖畔のロケハンをする。この湖畔からの星景写真も今回の撮影目的の一つだったが、夜になると再び曇ってしまった。しかし最終日に再びここに宿泊するのでまだチャンスはある。

通常見るティトンやモランの豪快な景観は山の東面になる。西面はこれが同じ山とは思えないほど穏やかな部分もあるが、これは「非対称山稜」だからだ。おそらくティトンの東側で断層による造山運動となったのだろう。このような非対称山稜は日本にもある。北アルプスの白馬岳や鹿島槍ヶ岳などを有する後立山連峰だ。

【ガイザーカントリーでロケハン】

翌朝も天気は芳しくないが、いよいよイエローストーンの核心地帯へ出発だ。一時間も走るとガイザーカントリーの中心であるアッパーガイザーベイスンのオールドフェイスフルに到着。すぐ近くに公園のシンボルともいえる有名な間欠泉、オールドフェイスフルガイザーがある。この間欠泉はその名のとおり、約六五分間隔で忠実に熱水を五分間位五〇メートル前後噴き上げる。途中、枯れ木を見たがこれは一九八八年の大火災によるものだろう。このときの山火事はかなり広範で消失するのに時間もかかったが、国立公園のコンセプトで自然におきた山火事は人間が手を加えることなく、やはり自然に消滅するのを待つということの結果だからだ。

オールドフェイスフルの間欠泉。約60分おきに吹き上がる

今日からここで三日間滞在するが、宿泊するのはオールドフェイスフルスノーロッジという快適なホテルだ。本当はオールドフェイスフルロッジにしたかったのだが、満杯だった。このロッジはロビーから天井まで吹き抜けになっていて、いかにも歴史を感じさせる重厚な雰囲気の造りは一見の価値がある。しかしそれにしても噂にたがわず何と人の多いことか！　駐車場という駐車場はどこもほぼ満杯だ。以前イエローストーンに行ってみたいという知人が「夏はたしかにいいんだけど混むからなあ」と言っていたが、これほどまでとは思わなかった。

今回の流星星景写真でどうしても押さえておきたいシチュエーションが三つあった。間欠泉の水蒸気と色鮮やかな温泉池、そして石灰棚の上を流星が飛ぶシーンだ。前二つがここガイザーカントリーで可能なのだ。

ホテルにチェックインを済ませて、オールドフェイスフルガイザーからの木道の遊歩道を歩いてみる。ところどころにトルコ石のような色をした美しい温泉池や間欠泉が次々と現れてくる。地面には赤茶けた色の部分もあり、おそらく酸化鉄を含んでいるのだろう。遊歩道の終点にはモーニンググローリープールという、エメラルド色をした何とも妖艶な温泉池がある。ここに日本人のファミリーがいたので話をした。彼らは今日はここに泊まり、明日、あさってはキャニオンカントリーで泊まるそうだ。そこで私は「あさっての夜は流星群が来るから、晴れていればぜひ星空を眺めてください」と言う。すると奥さんが「いいことを聞きました。教えてくださってありがとうございます」と言ってくれた。当日はぜひとも晴れることを願う。

ただこの遊歩道からは私がイメージするロケーションは得られなかった。ロッジなどの建物が目に入ってしまったり、池や間欠泉との位置関係が良くなかったからだ。この夜も天気は良くないので明日、北にあるガイザー地帯でロケハンをすることにして、この日も早々と休んでしまう。

翌日は朝から天気が良い。さっそくここより北へ車で二〇分ほどのロウアーガイザーベイスンのファウンテンペイントポットに行く。木道を進んで行くと先ず最初に目に付くのが、赤い色をしたマッドポットと呼ばれる泥の温泉だ。別府温泉の血の池地獄のようだ。さらに進むとお目当ての間欠泉クレサイドラガイザーに着いた。この間欠泉は何と二四時間絶え間なく噴出しており、今回の目的に最適だ。これならいつ流星が出てもいいわけだから。先ずはここで決まりだ。

さらにオールドフェイスフル方面に戻り、アッパーガイザーベイスンとロウアーガイザーベイスンの中間にあるミッドウェイガイザーベイスンへ。遊歩道を少し登り左へ行くとブルーの美しい温泉池がある。さらに進むとイエローストーンで最大の温泉池でありハイライトでもある、グランドプリズマティックスプリングだ。池面は蒸気で覆われているが、ときおり吹く風でそのベールがはがれたときに見せるその素顔の何と美しいことか！　エメラルドグリーンとターコイズブルー、両方の美しさを合わせ持っているとでもいおうか。そして池の縁はブラウンに輝いている。さらに池は木道の西側にある。下弦前の月は東から出てくるから月を背にして撮影でき、池の描写に最適だ。二つ目の撮影地はここで決まりだ。唯一気になったのが池を覆っている水蒸気。しかしこの水蒸気が今夜思いもよらぬものを演出してくれることになろうとは！

この後もオールドフェイスフルに戻る途中、ビスケットベイスン、ブラックサンドベイスンにも立ち寄った。いずれも美しい温泉池があるが、ビスケットベイスンのサファイアプールのクリアーな青色が特に印象に残った。温泉池の色は温度と微生物に関係がある。高温だと微生物が生息できないので、空の色がそのまま映り青色となる。

【神秘！月光虹と流星の競演】

今夜はペルセウス座流星群の極大一日前だ。天気も良いので当然撮影する。しかしちょっとしたハプニングが起こる。夕食前にヘッドライトを確認したら点かないのだ。電池はまだ消耗してないはずなのに。私は急いでオールドフェイスフルビレッジ内にあるストアに行き、ヘッドライトを購入した。夜撮影場所に着いてから気が付いたら大変だった。よかった、よかった。ロッジのレストランで夕食をとり、二三時過ぎグランドプリズマティックスプリングへ向かう。

昼間はあれほどいたのに誰一人としていない。この大自然と宇宙を独占した気分となる。翌午前〇時より撮影開始。この時点で月はすでに高度二〇度近くある。グランドプリズマティックスプリングからは水蒸気がほどよい加減で立ち込めているが、「もしかしてあるかな」と注意して目を凝らすとやはりあったのだ！　水蒸気の中に白いアーチがはっきりと確認できた。

「白虹」といわれるものだが日本でも尾瀬のものが有名だ。通常の七色の虹よりも水滴が小さいとき干渉しあって白く見える。実は尾瀬で月による白虹は不完全ながら撮影したことがある。しかし今目の前にあるのは完全な月光白虹だ。これは願ってもないチャンスだ。もし月虹と流星の競演（同時撮影）を捉えられたらまさしく世界初かもしれない。ひたすらシャッターを切り、流星が来るのを待つ。しかし極大前夜にしてはおとなしすぎる。結局虹の近くには流星は出現せず、また時間がたつにしたがい虹も消失してしまった。

月が高くなり虹の上端部だけとなったが、その上をペルセウス座流星群が飛来

三時過ぎクレサイドラガイザーに場所を移動。間欠泉を中心に構図を決める。しかしここでも明るい流星は見なかった。明け方に近づくにつれ気温も下がってくると、あたり一面霧状態となり撮影はこれで終了。今宵の本番に託すことにした。ロッジに戻り昼過ぎまで就寝。

八月一一日、今日も天気は快晴。ペルセウス座流星群の一八六二年ダストトレイルが二二時頃、さらに一六一〇年のものが翌日午前二時頃接近する。ロッジのレストランでボリュームタップリのハンバーグステーキを食べ、今夜の撮影にそなえる。二一時すぎロッジを出発。昨夜と同じグランドプリズマティックスプリングで二二時撮影開始。まだ月が出ていないので暗夜だが、二〇〇〇メートルを超え冷涼なイエローストーンの星空は素晴らしい。ペルセウス座流星群の放射点（ペルセウス座）はま

枯れ木の上を２個のペルセウス座流星群が飛来

だ低いが、いよいよ一八六二年ダストトレイルによる活動が始まった。長経路の流星が天の川と素晴らしい競演だ。

二三時頃、月が東の地平線から出てきた。さらに高度を上げると昨夜に続きまたしても月光白虹の出現だ。その虹の近辺をいくつか流星が流れた。それほど明るい流星ではなかったが、ついに月光虹との競演をゲットできた。ときおり遠くからおおかみと思える遠吠えが聞こえる。午前一時過ぎ流星が連発して流れるようになった。今度は一六一〇年ダストトレイルだ。温泉池や水蒸気との競演だ。緯度が高いので北斗七星が下方通過しても地平線からかなり高い。二時でこの場所は撮影終了。今度はクレサイドラガイザーに場所を移す。しかしそこで想像を絶するシーンが待ち受けていようとは。

【奇怪！巨大水蒸気アーチ出現】

午前三時近く撮影再開。昨夜同様、間欠泉を中心に二台のカメラを向け、一台は自動露出のものを少し離れたところに置く。マイナス一等の流星が間欠泉の左を流れた。この後他の間欠泉が噴出してきたのだが、信じられないことが目の前で起きたのだ。何と隣り合う二つの間欠泉の水蒸気が上空で合体し逆U字型の巨大なアーチを形成したのだ！　こんなこと通常考えられないだろう。風向きが同じなのだから煙突の煙同様、蒸気も同じ方向にたなびくはずだ。左右の水蒸気がたがいにくっつくということは、どちらか一方が風と反対方向に動いていることになる。

私はこのとき戦慄的なものを感じずにはいられなかった。いってみれば何か魔物でも出てくるのではないかという恐怖だ。そして急にあたりは蒸気によるガスが濃くなったこともあり、一刻も早くこの場を退散し、駐車場近くの木道で枯れ木を前景に撮影を再開した。幸いなことに枯れ木の頭上を二個の流星が連続して流れた。その後再びミッドウェイガイザーベイスンに戻り、お花畑を前景に撮影を続けた。

【石灰棚で予期せぬ出現！】

八月一二日今日も快晴、この日はマンモスカントリーへ移動。チェックアウトは昼近くになってしまう。一時間ほどでノリスガイザーベイスンに到着。ここはイエローストーンで最も熱水現象がさかんで、火山学者も注目しているところだ。一通り巡ったが、北側のポーセレインベイスンの石灰岩の白いテラスとターコイズブルーの池のコントラストが素晴らしく美しかった。ここから北へ一時間もかからず今日の宿泊地であるマンモスホットスプリングスに到着する。

ここもグランドティトンのシグナルマウンテンロッジ同様、多数のキャビンの一つが宿泊棟になる。フロントのある館は白一色で塗られなかなか洒落た感じだ。チェックインを済ませもう夕方近かったが、さっそく今回のメインテーマの一つである石灰棚のあるテラスマウンテンにロケハンに行く。キャビンから車で目と鼻の先といってもいい。

駐車場から木道の階段を登っていくと、五分位でミネルバテラスという石灰岩の棚田のような場所に出る。以前は上部から湯が流れていたが、今は全く涸れてしまっていた。しかしトルコのパムッカレのようだ。位置も木道から北西にあり、月を背にした撮影に最適だ。ここからさらに一〇分ほど登ると、あの中国の黄龍を彷彿とさせる石灰棚に着く。ここは上から温泉が流れていて棚田の部分が小さな池のようになっている。木道からは北方向になり、やはり月明かりを活かせるロケーションだ。今夜の撮影シミュレーションはもう完成した。月が出たての早い時間はミネルバテラス、その後は上部の石灰棚だ。

前夜の撮影に一応満足したので今夜はのんびりしてしまう。キャビン近くのレストランで遅めの夕食となる。見渡すといろいろな国の人たちがいる。私のとなりのテーブルには中東系と思

テラスマウンテン上部の石灰棚とペルセウス座流星群

しきファミリー、ウエイトレスはアジア系だが彼女が私を見てニコッと微笑んでくれたので、「国はどこですか」と聞くと「台湾よ」と答えた。彼女以外もポーランドなど、本当にここは国際色豊かだ。

夕食を終えキャビンに戻る途中、流星を観測しているグループと遭遇。「飛んでいるよ」と言われ、急いで撮影の準備にとりかかる。午前〇時過ぎミネルバテラスで撮影開始。するとどうだ！ 木星ほどの明るさのものがいくつも飛んだではないか。だが惜しいことにカメラを向けた方向ではなかった。その後も連発して飛ぶなど活動は二時間近く続いた。日本時間でいえば一三日の一五〜一七時だろう。この時間帯に予測されていたダストトレイルはなかったはずだ。今でこそ流星群はダストトレイル理論による予測が一般的になりつつあるが、まだまだ神秘ということを思い知らされた。

午前二時過ぎ、今度は上部の石灰棚に場所を移す。だが、あれほど活況だった活動がピタッとおさまってしまった。このギャップには拍子抜けしてしまう。少しくらい余韻があってもいいのに。しかしフィルムを現像してわかったが、薄明時、北の地平線スレスレに短いがはっきりした流星が写っていた。おそらく千キロくらい離れたカナダのアルバータ州上空に出現したのだろう。直下で見たら稲光のような大火球であったろう。翌夜も上部の石灰棚で撮影したが、流星はさらに減り一個も撮影できなかった。しかしこの夜は半月と遠雷の素敵な競演だった。

今回はペルセウス座流星群の予測されていたダストトレイルと思いもよらない突発を捉えられ、私の過去の同流星群撮影で最も成果のあるものとなった。しかし唯一寂しかったこともある。金星以上の明るさの大光度の火球を一個も見なかったことだ。このあたり九〇年代と比べ地味になった感は否めない。

【イエローストーンが教えてくれること】

四夜にわたる撮影で心地よい疲労感を感じつつ、マンモスホットスプリングスを後にする。今日は初日に泊まったグランドティトンのシグナルマウンテンロッジで最後の宿泊だ。往きとは異なるルートをとる。マンモスカントリーの東のルーズベルト、さらに南下してキャニオン、レイ

キャニオンカントリーのロウアー滝。周囲は300mの黄色い崖となっている

クカントリーと観光しながら下る。ルーズベルトカントリーはのびやかな丘陵地帯が続き、遠くにバッファローの群れが見えるなんとものびやかな風景だ。最大の見所であるタワー滝は駐車場が一杯で割愛せざるを得なかった。

キャニオンカントリーに近づくにつれ、左側に蛇行する川が見えてきた。三〇分位走るとキャニオンカントリーに入る。ここでは絶対に外せないポイントがある。落差九三メートルのロウアー滝だ。この滝を見るのにはいくつかの展望台がある。その中の一つアーチストポイントからは真下に峡谷の流れ、そしてその向こうに滝が見える絶好のポイントだ。そして何よりも周囲の景観が素晴らしい。イエローストーンの名の由来となった黄色味がかった三〇〇メートルの岩壁はすさまじいほどの迫力だ。

イエローストーンレイクのウエストサム。湖底にも間欠孔がある

アーチストポイントから一時間ほど南下すると巨大なイエローストーンレイクが目に入ってきた。レイクカントリーだ。湖の南端にウエストサムという場所がある。ここにも間欠泉や温泉池があるが、ブラックプールと呼ばれる温泉池はかってはその名のとおり黒かったのだが、高温となりバクテリアがいなくなると青色になってしまった。遊歩道を歩いて行くとレイクの湖底にも間欠泉があるのがわかる。このあたりも熱水現象が盛んなようだ。

レイクからティトンへ向かって走る途中、道が一部砂利になり徐行運転となるが、前の車があまりに遅いので抜かそうとしたら、ドライバーから「後ろへ下がれ！」と怒鳴られてしまう。まもなくシグナルマウンテンロッジに到着。ロッジのレストランで夕食後、初日に果た

ジャクソンレイクに映る天の川、グランドティトン

せなかったジャクソンレイク湖畔で湖面に映る天の川とティトン、モラン山の星景写真を撮ることができた。

アメリカの国立公園はレンタカーがないと身動きが取れないが、イエローストーンは各ツアーが催行しているので車がなくても楽しむことができる数少ない公園だ。またグランドティトンと組み合わせて周遊すれば、高峻山岳、間欠泉、美しい湖沼、不思議な石灰棚、豪快な峡谷に滝と、まさに地球大地の織り成す絶景のほとんどを味わうことができる。旅の費用はお盆の時期でもあり総額で四〇万円近くなった。

また、二〇一七年八月二一日には皆既日食が北米で起こる。皆既日食は月が太陽を完全に隠す現象だが、普段見られない太陽の美しいコロナが見られる（皆既日食については六章に記述）。太平洋から大西洋にかけて皆既帯が北米大陸を横断し、広い範囲で観測できる。ワイオミング州も皆既帯が通る。おおざっぱに見て州最北のイエローストーンは残念ながら皆既帯から外れてしまいそうだが、グランドティトン国立公園は入りそうだ。グランドティトンで皆既日食を観測し、イエローストーンを周遊観光すればまさに天地の神秘、驚異をいっぺんに味わえ比類のない地球絶景紀行となるだろう（行こうと思われる方は、事前にシミュレーションソフト等で詳細を確認、もしくは期日が近くなってからの情報に注意して下さい）。

太古の昔、ここは半径五〇キロもある超巨大火山の火口だった。二百万年前に噴火し、その次は百二十万年前、さらに次は六十万年前と噴火活動をしている。今現在噴火しても何らおかしくないといわれている。もしも永い眠りから覚めたならばその影響は全地球的規模になるのは必至だ。そしてここを訪れれば、地球そのものが一つの巨大な生命体であることを感じるかも知れない。イエローストーンは偉大な自然の教科書だ。

火神ペレが導いたふたご座流星群

ハワイ・キラウエア

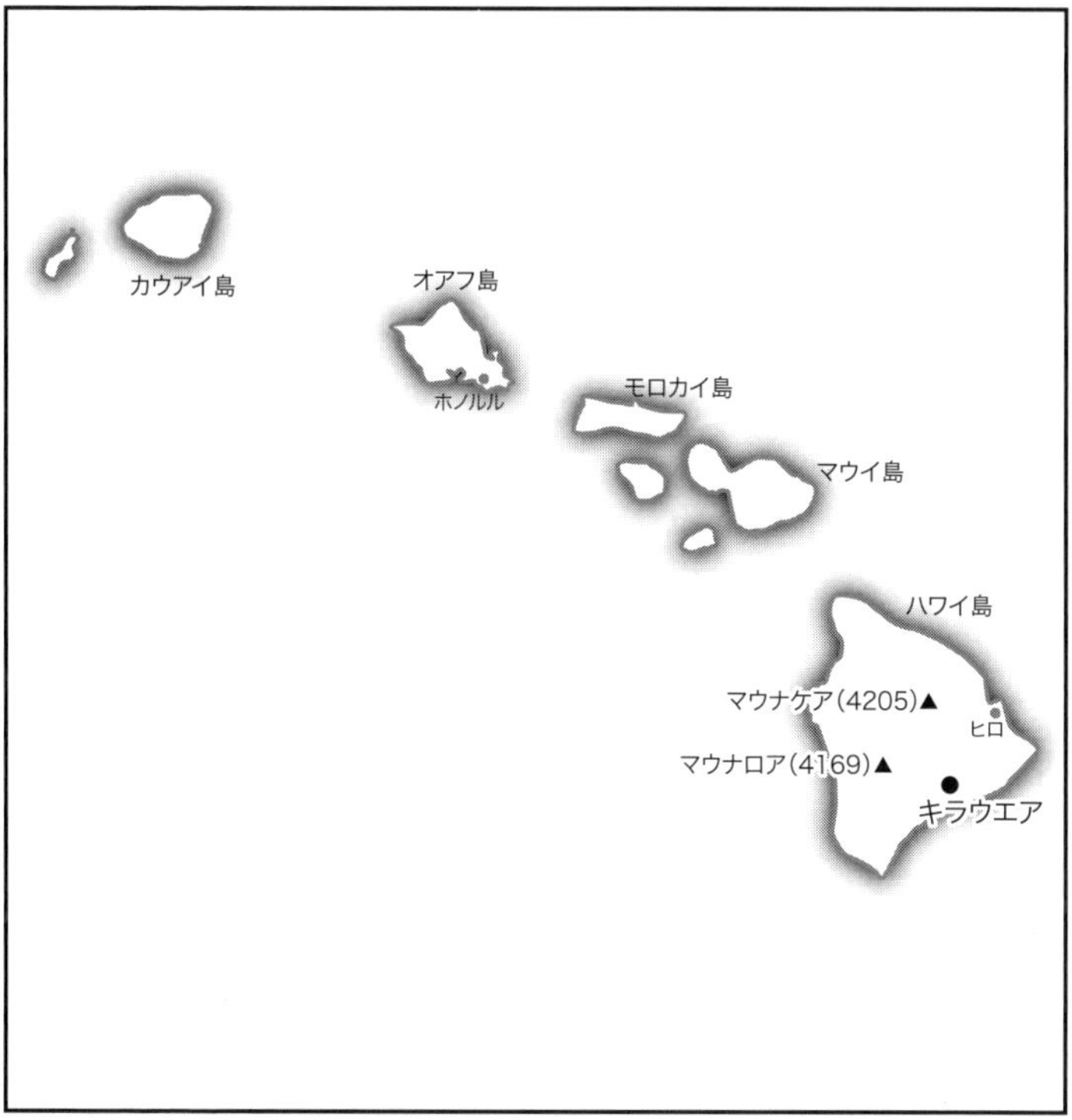

【天体観測のメッカ】

世界の大リゾート地であるハワイについていまさら言うことはないが、リゾートを抜きにしても実にダイナミックな自然に恵まれている。観光はオアフ島に集中するが、北にカウアイ島、南にマウイ、ハワイ島となる。カウアイ島は洋上のグランドキャニオンといわれるワイメア渓谷、マウイ島はハレアカラ山、ハワイ島はマウナケア山やキラウエア火山といった絶景地がある。

中でもマウイとハワイ島は標高の高さを活かし、天体観測という点でも非常に恵まれている。特にハワイ島は四二〇五メートルのマウナケア山の山頂に各国の天文台が並ぶ。この中には日本が世界に誇る口径八メートルの望遠鏡を備えたすばる天文台もある。現地では、この天文台群の見学とスターウオッチングを組み合わせたいくつものツアーが催行されている。

一方、マウイ島はハレアカラという標高三〇五五メートルの山がある。この山は山頂まで道路が通じているので自由に天体観測できる。しかし私の今回の目的はマウナケアでもハレアカラでもなかった。ハワイ島マウナロアの東の麓にあるキラウエア火山だ。ここはマウナロアの下部から海岸まで一面広大な溶岩で覆われている。現在も活発な活動を続けており、溶岩の下をマグマが流れている。昼間は黒々としているが、日が暮れるとマグマがある部分が赤く色付く。

これは是非ともこの赤い溶岩炎の頭上を飛ぶ流星を撮影しなければならない、と決めた。というのは星景写真では、星空のバックの色がどうしてもブルーやグレイといった寒色になりがちで色彩感に乏しい。できるだけ赤やオレンジ、黄色といった暖色を取り入れたいと考えていたからだ。この方法として本書の他編でも述べているが、赤いオーロラ、薄明の色、月照による黄色い花、低空の赤い月を利用したものがある。

キラウエア溶岩炎の場合は天候が不安定で一晩中晴れている可能性は少ないと思ったので、流星はふたご座流星群が最適だ。この流星群は一晩中出現し、少ない晴れ間でも期待できるからだ。

【撮影は一七時から二二時まで?】

二〇〇九年一二月一一日夜、JAL便で成田からホノルルへ。ちょうどホノルルマラソンとかちあい飛行機は結構混んでいる。航空運賃もこの時期としては割高だ。機内ではホノルルマラソンの記念にリストバンドが配られた。ホノルル到着後、アロハ航空でハワイ島のヒロに向かう。一時間ほどでヒロに到着。天気も上々だ。空港の観光案内所でキラウエア溶岩炎の状況を聞く。

「私は夜、溶岩炎と星の写真を撮りたいのですが溶岩炎はどこで見られますか」と。すると係りの人が日本語を話せる人を電話で呼び出してくれた。しかし質問に対する答えはショッキングなものだった。「溶岩炎は東のカラパナと西の道路の終点からですが、いずれも夕方の一七時から夜二二時までしか立ち入ることはできません。レンジャーがパトロールをしているのでずっとそこに居ることはできません」と。何ということだ。これでは満足に撮影できないではないか。

事前に調べたガイドブックにもそんなことは書いてなかった。ただふたご座流星群の極大日は明日なのでまだ余裕はある。とにかくここは実際に行って状況を確認してみよう。その後空港のカフェで簡単に昼食を取り、レンタカーでカラパナに向かう。

国道一三〇号を南下する。道路の終点に近づいてくると道が細くなり、周りは黒々とした溶岩地帯となる。四〇分ほどで入り口に着く。まだ夕方一七時前なので入り口にロープが張ってある。端の方の隙間から中に入っていくと遠方に煙が立ち上っている。まさしくキラウエアが活火山というのを実感する。さらに行くと何人かのグループがいた。するとその中の一人に「まだ入れません。一七時からです」と言われる。よく見るとその女性はレンジャーだ。なるほど、レンジャーによるプログラミングツアーだからこの一団は特別なわけか。仕方がない、ここは出るしかない。とりあえず今日から三日間泊まるキラウエア国立公園内にある、ホロホロ・インにチェックインして西側の溶岩原の状況をもう一度確認しよう。

【溶岩原の星空】

国道一三〇号をヒロ方向に戻り、国道一一号に入りキラウエアへ向かう。四〇分ほどでキラウエア国立公園に到着。さっそく宿泊するホロホロ・インを探すがなかなか見つからない。裏通り沿いにあるはずなのだが、案内看板が見当たらない。ストアの店員に聞きようやく探し当てる。

迎えてくれたのは日系人と思しき女性だった。ここのオーナーは日本人だから当然か。しばらくするとオーナーの矢吹さんが出て来た。私は溶岩原の立ち入り時間が一七時から二二時までなのかを彼に聞いてみた。すると「キラウエアの溶岩原は二四時間入れるよ。ただ目当ての溶岩炎はどこにあるかわからないよ」と。ひとまず安心する。カラパナのような時間制限はないようだ。

夕方、国立公園のビジターセンターに行ってみる。レンジャーに「溶岩炎はどこで見られるんですか」と聞いてみる。すると地図を指差しながら「カラパナだよ」と。そんなはずはない。ガイドブックには車道の終点から歩いて行ける範囲とある。カラパナなら一〇キロ位あり、とても歩いては行けない。これは実際に夜行って確かめるしかない。念のため「夜間の立ち入りは自由ですか」と聞いてみる。すると「時間はいつでもＯＫだ。ただ、海の側には行ってはいけないよ」とアドバイスしてくれた。ロッジに戻り夕食を近くのレストランで済ませる。旅の疲れもあり、二三時過ぎまで仮眠を取る。

ロッジの外へ出てみると満天の星空だ。急いで準備をして溶岩原へ向かう。国立公園のゲートを通過しすぐにチェーンオブクレーター道路に入る。ここから三〇キロほどで終点だ。しばらくするとぐんぐん高度を下げていく。国立公園の入り口が標高一二〇〇メートル程で、海岸に向かっているので当然だ。人工光が一切ないので暗黒度が凄まじい。オリオン座を中心とする冬の星座が物凄い輝きだ。折しもＢＧＭはビリーボーンオーケストラの「星を求めて」。もうムード

車道を覆っている溶岩。自然のパワーの凄まじさがわかる

は最高だ。やがて目の前に溶岩が見えた。あわててブレーキを踏む。一九八三年に噴火して以来流れ続けた溶岩が、カラパナとの間の道路を分断してしまったのだ。自然のパワーは本当に凄まじい。さあ、いよいよ夜の溶岩ウオークだ。ガイドブックには黄色い標識があると書いてある。しかし一つ目のものの後には何もない。「これはおかしいぞ、このまま行ったら戻ってこれなくなる」と思い引き返す。この真っ暗な中、歩きづらい溶岩台地上は目印がないとどうしようもない。

スタート地点に戻り右の方を見ると、小さいが黄色のプレートが溶岩の上に光って見える。そのプレートにみちびかれて進むと、若干小高くなった岩の上に出た。

溶岩原を進むと、はるか遠方にカラパナの溶岩炎による白煙が見える

すると北東、はるか向こうに白っぽい煙のようなものが認識できた。これがカラパナの溶岩炎によるものだとすぐにわかった。もう翌日の午前二時近くなっていた。カメラを取り出し撮影に入る。しかし満天の星空だったのが、北東方向を中心に雲が多くなってきた。南方向を撮影する。北緯二〇度を切るハワイではカノープスが結構高く見える。この星は南極老人星といわれ、日本では南九州くらいまで行かないと容易には見えない。それゆえ日本では見れば長寿になるといわれている。やがて雲が南まで迫ってきたので撮影を切り上げた。

【聖地・ハレマウマウ火口】

翌朝、矢吹さんに「昨夜、溶岩原に行ってみたけれど、ガイドブックに書いてあった標識がなかったです。どうしたのでしょう」と聞いてみる。すると「溶岩の流れなんて一日でも変わってしまうよ。一年前のガイドブックを見ても当てになるわけないよ」と一笑に付されてしまう。ちょっと認識が甘かったようだ。明るいうちにもう一度溶岩原に行って見る。チェーンオブクレーター道路を下っていくと、目の前に真っ青な大海原が広がっている。昨夜はゲートにあるパイロンをどかして道路の終点まで行ったが、ゲートの駐車スペースに車を置いて徒歩で行く。

日中見る溶岩原はあたり一面黒々としていて、地球とは思えないような世界だ。遠くにカラパナの白煙が見える。素手で溶岩に触れてみると少し痛い感覚がする。転んだりしたら大変だ。よく見ると表面が細かいクリスタル状になっているのか、太陽の光を屈折させ赤や青に色付いている。周辺を歩くが結局、他に標識はなかった。今夜はふたご座流星群の極大日だ。先ずカラパナに行って目一杯時間まで撮影し、その後は再びここにしようと決める。

夕食後、すぐにカラパナに出発。しかし途中で雨が降ってきた。カラパナに到着しても止まないので車の中で待つ。さすがハワイ島の観光の目玉とあって駐車場はたくさんの車だ。露店も並んでいる。ジュースを売っている少女が道行く人に、「アロハ！」と声をかけている。雨が止んだのでさっそく行ってみる。溶岩炎の展望地まで徒歩で二〇分ほどだ。だがまたしても雨が降ってきた。急いで戻るが、写真を売っている露店があったので、その店のテントの中に入ってみる。

地元の写真家だと思うが、その中には夜間撮影した溶岩炎の写真がたくさん飾ってある。どれも素晴らしいものばかりだが、その中の何枚かに釘付けになった。それは火口に溶岩が赤々と光っているものだ。実は数ヶ月前に出版されたハワイのある本の表紙の写真と同じだったのだ。その時からこれはどの場所なのだろう、と思っていたのだ。さっそく写真の主に聞いてみる。「この写真はどこで撮られたのですか」。すると、「国立公園のジャガーミュージアムの裏だよ。今も見えるよ」と教えてくれた。これは思ってもみなかったことだ。カラパナの次はそこにしようと決めなおす。車に戻り休憩する。地図で確認するとその場所は、ハレマウマウ火口とあった。

雨が止み晴れてきたので再び行動開始。整備された溶岩原の道を歩くこと二〇分で溶岩炎の展望地に着く。これより先は立ち入り禁止だ。時刻は二〇時四〇分。東にはオリオン座やぎょしゃ座が輝いている。ふたご座はまだ低い。ただ西の溶岩炎の上空は熱気のせいか少し雲がある。晴れるのを期待して撮影に入る。ふたご座流星群の放射点は低いが、西に長経路の流星が飛ぶ可能性がある。二二時までの勝負だ。

しかし何カットか撮ったところで男女のレンジャーが来て「もう時間だから退去してください」と言う。「えっ!それはないだろう。まだ二一時だよ。二二時まではいいのでは」と言うと、「いやだめです」の一点張り。仕方がない。ここは言うとおりにしてハレマウマウで仕切り直しとしよう。車に戻りキラウエア国立公園のジャガーミュージアムへ向けて走る。

二三時頃ジャガーミュージアムの駐車場に着く。さっそく火口の方を見ると光っている！　ま

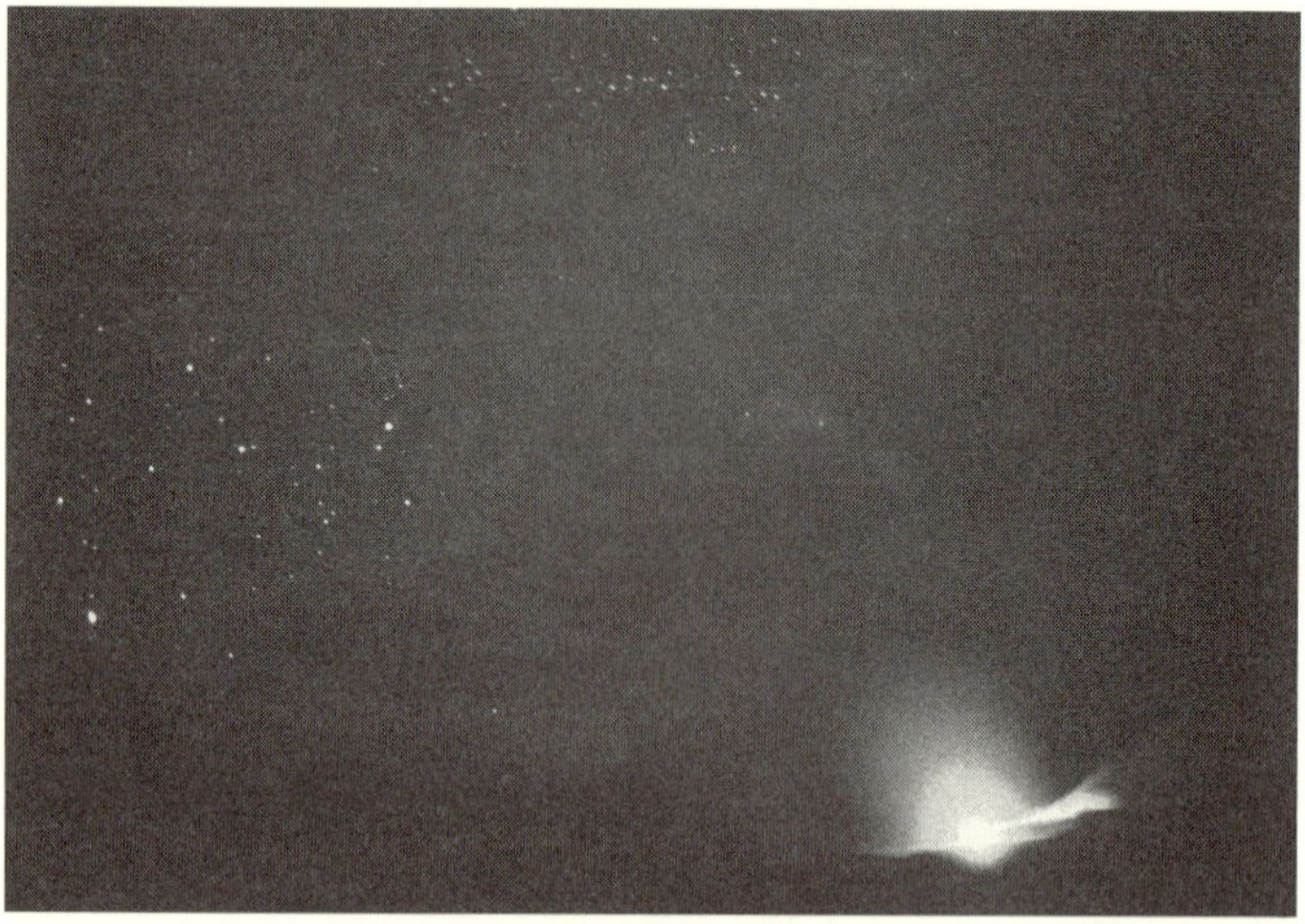

カラパナの展望台より夜の溶岩炎

るで溶鉱炉のように火口の底が赤々と燃えている。これは当初撮影予定だった溶岩炎よりもいい。しかし無情にも今度は空が曇ってきてしまう。薄明まで粘ったが、結局ふたご座流星群の極大日は一個も流星を見ることはなかった。ハレマウマウの火口はキラウエアの火の女神ペレが住んでいる場所で、ハワイアンにとってまさに聖地中の聖地だという。

【二度もポリスのごやっかいに】

今日も曇ったままだ。ふたご座流星群の極大日は過ぎてしまったが、この流星群は一日後でもまだ十分期待できる。今夜の晴れに期待する。簡単に昼食を取り、今日はハワイ島の南端近くにある黒砂海岸に行ってみる。国道一一号を南下するのだが、走り出してまもなく後ろからサイレンを搭載した車がついてくるではないか。何やら嫌な予感がすると「ヒューン」とけたたましい音を鳴らした。「やられた。パトカーだ」。おそらく速度超過だろう。私は車を停止した。後ろのパトカーからポリスが降りて来たのでおとなしく、パスポートと国際免許証を提示する。ポリスは「四五マイルのところを六〇マイル出していた。一五マイル超過だ」と。私が「罰金を払うのですね」と言うと、「いやお金はいいよ」と。これは意外だ。アメリカは厳しいと思っていたからだ。ただ国立公園内では交通ルールは厳しい。

以後気をつけて黒砂海岸へ向かう。一時間ほどで着く。なるほど、その名の通り砂が真っ黒だ。この砂も溶岩だったのだ。ビーチにはくつろいでいる人が何人かいる。椰子の木の裏には庭園風の池がある。ロッジに戻るとドアの鍵がかかっていて入れない。どうやらだれもいないようだ。まもなく他の宿泊者も来たが、入れないことがわかると「オー・ノー」と言い、彼は横の窓が開いているのに気付き木の塀を登り中へ入る。そして中から開けてくれた。夕食はキラウエアロッジのレストランで取る。空は相変わらず曇っている。だが、二〇時過ぎ晴れてきた。そろそろ準備をするが、水がないのに気がついた。急いで車でストアに行くが、今日は閉まっている。すぐ近くにタイレストランがあったので、そこの駐車場に車を停め中に入る。ペットボトルを購入して車に乗る。だがあわて急ぐ気持ちがそうさせてしまったのだろう。車をバックさせたとき、何やらボン、という音が。やってしまった。後ろに停車している車に接触してしまったのだ。

黒砂海岸の裏は南国の庭園のようだ

すぐにレストランに入って持ち主を探そうと思ったその時、中から若いアベックが出てきて車を見て、「オー！」と言った。女の方が「私たちのはレンタカー、あなたのは」と聞く。「レンタカー」と答えると、男の方が「これからポリスを呼ぶから待っていて」と言い電話をする。まもなく二人のポリスが来た。私は事の状況を説明したが、ロッジから近くということもあり、パスポートと国際免許証を持参していなかった。日本の住所や電話番号を聞かれ、とりあえずはＯＫとなった。車の傷はレンタカー会社の保障となった。別れ際、男の方が「気にしなくていいよ」といった感じで肩をポンと叩いた。

一件落着でホッとする。しかし昼の速度

超過といい、同じ日に二度もポリスのごやっかいになろうとは。日本でもここ何年もそのようなことはない。不思議と続くときは続くものだ。そして二度あることは何とやら、これ以降肝に銘ずる。

【二〇分間の奇跡！】

気持ちを切り替えハレマウマウの撮影地に向かう。だが現地に到着するとまたしても雲が出てくる。アメリカ本土から来たという家族連れがスターウオッチングに来た。母親が空を指差し、「あれはスバルなの」と私に聞いた。「そうですよ」と答える。雲も多くなり、まもなくこの家族連れは帰っていった。しだいに空の大部分が雲に覆われ、一旦車の中に戻る。

雲の切れ間が出てきたこともあり、翌日の午前一時より撮影をする。少し経つと火口のはるか頭上、薄雲越しにブルーに輝くふたご座流星群独特の火球が出現する。惜しい！　カメラを縦位置にしていたら撮れていた。しかし口惜しく思う間もなくまたまた曇ってきてしまう。本当にこの天気は読めない。二時過ぎ、天頂に閃光を感じる。またまた大火球だ。極大から一日過ぎているが、思いのほか流星群活動が活発だ。しかし相変わらず雲は取れない。

先月桂林で奇跡的に晴れ、しし座流星群を撮影できた。それまでの海外遠征では全て流星撮影は成功している。しかしそれもここでついえてしまうのか、と覚悟したその時、北の空からみるみるうちに雲が南へ下がり晴れてくるではないか！　ハレマウマウで初めて見る満天の星空だ。午前四時過ぎ、喜びいさんで撮影再開。するとすぐにマイナス一等の流星が火口付近に飛ぶ。さらにマイナス二等の流星も飛んだ。二〇分後またも曇ってくるが、この間に火口近くに三個のふたご座流星群が捉えられた。ただ一分間露光させているので火口の赤い光が立ち上る噴煙を赤くかぶらせ、流星の写りを多少なりともかき消していたのはちょっと想定外だった。火口からの光カブリは火映といい、日本でも桜島や浅間山で見られることがある。その後再び星空にはならなかった。しかし、私はこの二〇分間は火女神ペレがこの日本から来た一介の写真撮りに対し、精一杯微笑んでくれたものと思えてならない。

朝、飛行機の出発時刻を一時間早いものと勘違いしたことから余裕が出来、再度この聖地に行く。今度は朝日を浴びた神々しい姿のハレマウマウがあった。ヒロからホノルルに向かう機窓からはマウナケアの天文台群がよく見えた。いつの日かマウナケアの山頂にも立ってみたい。

結果的に今回は満足のいく写真は得られなかったが、もしカラパナで雨が降らずそのままずっと撮影していたら、ハレマウマウの火口の写真と出会っていただろうか。最近思うことは、自然現象や流星との出会いも人との縁のうちにある、ということだ。

二章——山岳絶景と星との競演

世界の屋根で見た驚異の星空

中国・パミール高原

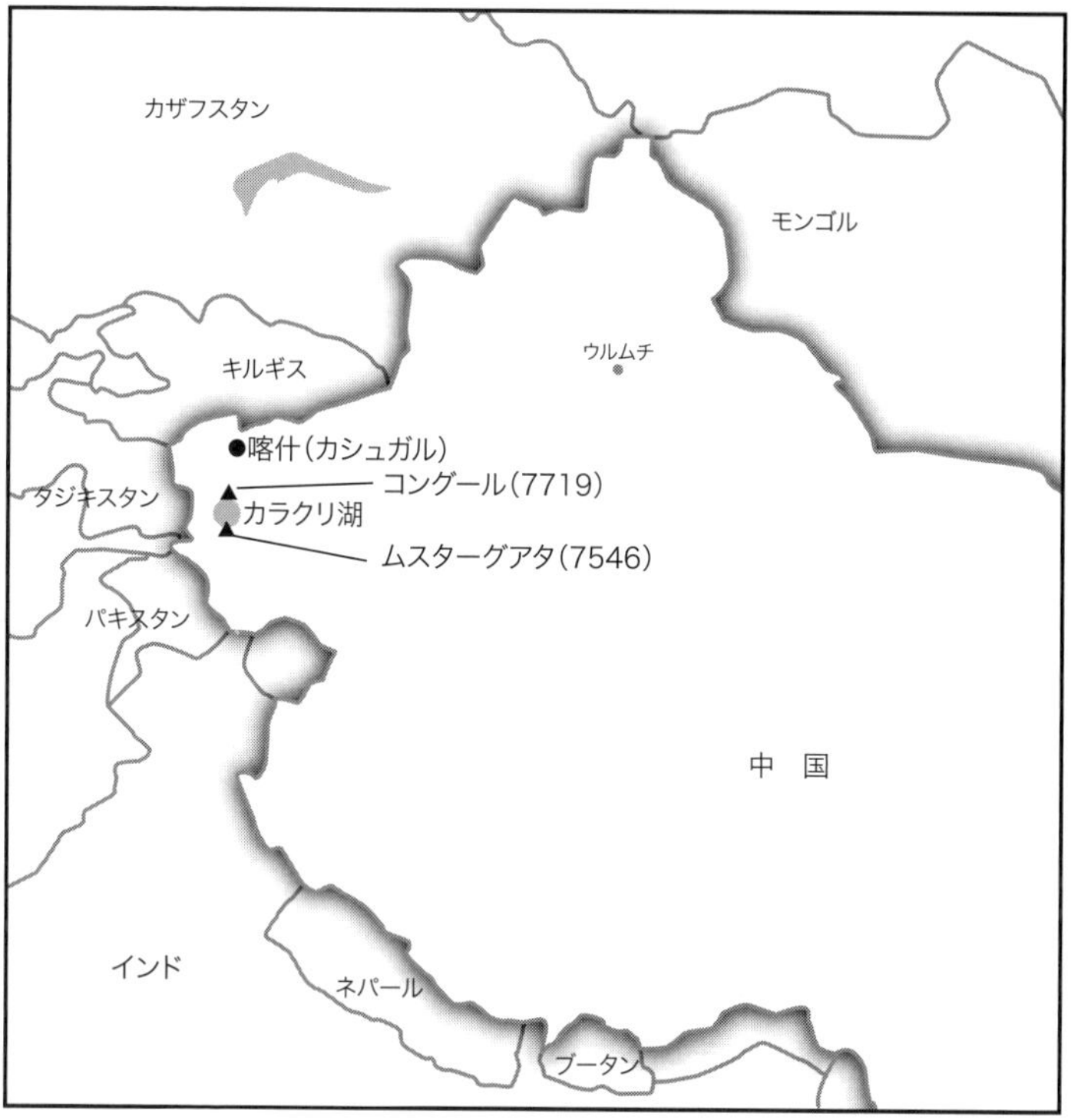

【憧憬の地・パミール高原】

この年、夏の夜空の風物詩ペルセウス座流星群の塵の集団（ダストトレイル）が八月一二日朝六時（日本時）地球と接近する予報が出された。日本では陽が昇った後なので観測できない。世界的にみて最も条件がいいのは中央アジアだ。そこで流星群を撮影すべく遠征することを決めたのだが、いくつか候補地があり非常に迷っていた。いずれも素晴らしい景観の高峻山岳地帯だ。

結局昔からの憧れの地であり、ＮＨＫで放映されていたシルクロード・糸綢之路のテーマ曲の透徹なまでに美しい旋律とあいまってパミール高原に決める。そしてここに白銀の高峰を望む湖があり、この湖に折からの三日月と流星をあしらった写真が撮れるということも理由の一つとなった。

天に飛鳥、地に走獣なしといわれる果てしのないタクラマカン砂漠。その西の端から高度を上げチベットとともに「世界の屋根」といわれるパミール高原。標高四〇〇〇メートル前後、中国、タジキスタンなど数カ国にまたがり、古代シルクロード交易の要所でもある。そしてコングール（七七一九メートル）、ムスターグアタ（七五四六メートル）などヒマラヤに勝るとも劣らない高峰を有する。今回の観測地はこれらの雄大な峰々が映る大変風光明媚な湖、カラクリ湖（三六〇〇メートル）だ。グリーンランドのしし座流星群から二年ぶりの海外遠征だ。ペルセウス座流星群はお盆の時期でもあり長期休暇が取りやすいので助かる。ただその代わり旅行代金も年間で最も高くなってしまうが。今回は個人手配ということもあり四〇万円を越えた。

【ガイドがいない！】

二〇〇四年八月九日夜、成田から北京へ向かう。この夜は北京で宿泊する。空港を出るとガイドが出迎えてくれた。夏の北京はうわさに違わず大変蒸し暑い。初日ということもあり、ホテルへ向かい英気を養う。翌朝北京から中国南方航空で新疆（シンキョウ）ウイグル自治区最大の都市、ウルムチに飛ぶ。ウルムチに近づいてくると機窓から天山山脈の名峰ボゴタ峰（五四四五メートル）が見えてきた。まもなく到着。ここでウイグル人の女性ガイド、ミナワさんが出迎えてくれることになっている。

空港を出ると出迎えのガイドたちが大勢待っているのだが、肝心のミナワさんと思われる女性が見あたらないではないか。しばらく待っても来ない。そのうちガイド達すべてが姿を消してしまった。結局自分一人が残ったままだ。ウルムチから今宵の宿であるカシュガル行きの航空チケットは彼女から渡されることになっている。このままではカシュガルに行くことができない。

とりあえず、旅行会社から彼女の携帯電話の連絡先が教えられていたからかけるしかない。テレホンカードを買う。しかし電話のかけ方がわからない。二階へ上がり店員の若い女性に英語で何とか事情を説明し、かけてもらおうとするがなかなか伝わりにくい。ようやく彼女が電話をかけようとしたその時、向こうから中年の女性がこちらへ近づいて来た。女性は「駒沢さんですか。道路が渋滞で遅れてしまいました。すみません」と日本語で話しかけてきた。よかった、これでカシュガルに行ける。非常に焦っていたがとりあえずほっとする。

出発まで二時間以上あるので、市内のホテルで休憩することにする。夕方出発する。三時間ほどでカシュガルに到着。ここからのガイドは若い男性で名をサンバイという。会うなり彼は「僕はサンバイ、モンゴリアンです」と自己紹介をした。シルクロードの西域と呼ばれるこの地は東洋と西洋の接点であり、実に多種多様な民族から構成されている。ざっと挙げてもウイグル、カザフ、キルギス、ウズベク族などだ。中国の大多数を占める漢民族はここでは少数派だ。

さっそくホテルへ行く。ホテルの名前は色満賓館という。日本的にはなんだか大変いかがわしい匂いがするが（案の定、ロビーにはその筋と思しきウイグル美女が多数並んでいる）、旧ロシアの領事館を改装したものだ。内部はイスラム調で部屋には夏のシルクロードの名物、ハミ瓜がある。さっそく食べてみると旅の疲れが吹き飛ぶほどおいしい。

まもなくすると外のほうから音楽が聞こえてくるではないか。ウイグル族の舞踏が始まっている。西域を代表するウイグル族は漢民族と明らかに異なる。東洋と西洋をミックスしたようなその風貌を見るとまさに異国に来た、という実感がする。昔流行った久保田早紀の「異邦人」そのものの世界だ。

【天空の湖・カラクリ湖へ】

朝起きると小雨が降っている。朝食はホテルのレストランだが、洋食と中華、二つのホールがある。洋食の方で軽く済ませる。サンバイが迎えに来ていよいよ長年の憧れの地、カラクリ湖へ出発する。カシュガルから車で四時間だ。市内は思った以上に車が多い。中国は近年近代化が進んでいるが、このシルクロードのオアシス街も例外ではない。ただ、道路には信号はおろか、横断歩道さえない。歩行者は自由に横断し、車も結構強引に割り込んだりする。そして道路の真ん中を馬車が悠然と走っているではないか。こんなことで大丈夫なのか、と思っていると案の定対向車線で車と馬車の事故があった。

郊外に出ると道路の端にはポプラ並木が続き、その外側には一面の麦畑が広がっている。これぞシルクロードオアシスの原風景だ。道行く女性はカラフルな衣装やスカーフを身に着けている。砂漠という無機質的な環境に暮らしているから色彩を強く求めるのだろうか。そういえば二年前に行った極北グリーンランドでは鮮やかな原色の家が多かった。点在する集落では果実などの露店がある。

まもなく赤茶けた岩山の麓で休憩する。雨は止んでいるが空一面曇りだ。一息ついて出発する。道は断崖の下を縫うように走っている。検問所に着くとサンバイが私のパスポートを預かり手続きをする。道は登りとなりぐんぐん高度を上げていく。するとそれまでのガスが切れ、目の前がパッと明るくなった。雲の上に出たのだ！　青空にさんさんと降り注ぐ陽光、遠くに白銀の山が見える。まさに天上の楽園、ついにパミール高原に来たのだ。標高が高いのでサンバイがあくびを連発するようになった。笑いながら「高山症ね」と言う。

すぐにロンブル湖という美しい湖に着き休憩する。湖畔には民芸品の露店が並んでいる。周りの山は五〇〇〇メートル級だろう。ただ雪をまとってはいない。ここから目指すカラクリ湖までもうわずかだ。はやる気持ちを抑える間もなくカラクリ湖に到着。足元には草原が広がり、眼前には碧色の湖、そして湖を取り囲むように聳える八〇〇〇メートル近い峰々。夢にまで見た光景が広がっている。今日から三日間この天上の楽園でキャンプだ。さっそくサンバイがテントを設営してくれた。湖畔にはレストランやパオもあり、宿泊もできる。サンバイとドライバーはレストランの宿泊施設で過ごす。部屋は相部屋だ。

【流星群予想時刻は曇り】

カラクリとはウイグル語で黒い湖を意味する。確かに太陽が翳ったりすると黒く見えるが、普段はエメラルドグリーンの大変美しい湖。標高三六〇〇メートル、富士山よりちょっと低いが、さすがに普段と同じつもりで動くと息が切れる。若干後頭部に痛みも感じる。

北東にパミールの盟主、コングール連峰（七七一九メートル）、南に氷雪の父と呼ばれるムス

カラクリ湖とパミールの最高峰、コングール連峰

タ一グアタを望むそのロケーションは、湖畔の景色としては世界最高のものだろう。時折草原をキルギス族が馬に乗って通る。観光用も兼ねているのだろうが、こうした光景を見るとはるか異郷に来たという実感がしてくる。しばしこの雄大な景観に見とれていた。

湖畔のレストランで夕食を取る。時刻はもう夜なのだがまだ夕方といったところだ。つまり中国は北京時間を採用している。北京よりずっと西にあるこの地では実質三時間の時差があり、まだ明るいのだ。レストランの窓は大きくコングール連峰がよく見える。しかも窓枠が丁度額縁のようになっており、一幅の絵を見ているようだ。夕食後、夕日に染まるコングールやムスターグアタを撮影する。

しかし日没後、北の方から雲が出てきてしまう。この夜はライチネンの予測したペルセウス座流星群の塵の集団が一二日午前五時頃接近する。五時といえば北京ではもう日の出位だがこちらではまだ深夜だ。結局この時間ほぼ全天雲に覆われてしまう。しかし雲の切れ間から時折光を感じる。雲の上ではかなり流星が流れていることは容易に想像がつく。残念極まりないが今日の夜も十分期待できる。

一二日も天気はいい。太陽が昇ってくるにつれ夜中の雲はとれたようだ。この日は日本からのツアーが来た。ここカラクリ湖は最近日本でもツアーで取り上げられるようになり、中国からパキスタン、あるいはその逆のコースで必ず立ち寄る場所だ。また中国人観光客も多い。中国は近年旅行ブームだ。何人もの中国人から「写真を撮って」と頼まれる。

サンバイが持参のハミ瓜を他の中国人達にも振舞う。皆口々に「おいしい、おいしい」と言って食べている。こんな素晴らしい絶景の地でこんなに美味いフルーツを食べれば、浮世の煩事など忘れてしまうだろう。昼下がり、海パン姿で湖を泳いでいる欧米人がいた。夕食時、日本から持参した味噌汁をサンバイに飲ませると「まずくて飲めません」と思わず顔をしかめてしまった。ついでにカシュガルの色満賓館のことで「日本では色というのは男女の性愛を表すんだよ」と言うと、「中国ではそういう捉え方はないです」と言う。

今夜は通常のペルセウス座流星群の極大だ。これは母彗星の軌道と地球が交差するもので、日本では一九時だから条件は日本の方がよい。しかし昨夜のように雲はないもののコングール連峰

長経路のペルセウス座流星群。放射点が低いときは長い流星が出やすい

湖上の流星競演。右に散在流星、左に２個のペルセウス座流星群

にはかかっている。翌日の午前〇時より撮影開始。南のいて座付近の天の川が素晴らしい輝きだ。さそり座の一等星・アンタレスが一際赤い。一時間も経たないうちに東の空に長い見事な流星が流れた。しかしその後は大きな流星が出ない。時折冬のふたご座流星群のように連発して流れることがあるが。まもなくコングール連峰から三日月と金星が昇ってきた。二つの輝きが湖面に美しく映える。と、そのときだ。金星の右を火球（木星以上に明るい流星）が流れた！　湖に月、金星、そして流星をあしらうという今回の目的が叶った瞬間だった。昇ってきたオリオン座も映るが、多少波があるので写真では縦に伸びて写っている。しかし点像よりも星の色が強調される。「水鏡」だけが芸ではない。明け方近くの薄明時には天頂に稲光のような大火球も出現する。流星痕（流星の残像のようなもの）がゆらゆらと輝いている。現像後に気がついたが、はくちょう座流星群が写っていたのは大きな収穫だった。

【想像を絶する星々の輝き！】

翌日はタシュクルガンに行く。実は今回の予定に入っていなかったのだが、昨日、サンバイが「タシュクルガンに行きたいなら日本円で一万でOKだよ」と言ったのだ。タシュクルガンもかねてから興味があったので話に乗ったわけだ。ここでの最大の目的はタジク族との出会い。パミールの民と呼ばれ、インド・アーリア系に属し女性は銀幕のヒロインのような美人が多いこと

玄奘三蔵ゆかりのタシュクルガンの石頭城

で知られる。

カラクリ湖からパキスタン方向へ向かう。カシュガルからパキスタンへ向かうこの道路はカラコルムハイウェイと呼ばれ、まさに現代版シルクロードだ。湖を離れるにつれムスターグアタの山容が刻々と変わる。途中四一〇〇メートルのスバシ峠を越えるが、何と自転車で通過してきた欧米人がいた。まもなくタシュクルガンに到着。標高三二〇〇メートル、ここには石頭城があり西遊記の玄奘三蔵ゆかりの地だ。

さっそく美女を撮影したいので街中を物色する。するといるではないか。背が高く彫りの深いタジク女性が。頭には独特の帽子を被っている。しかしいざ声をかけようとしても躊躇してなかなかできない。サンバイにも応援を頼むが彼も同じだ。英語で通じるだろうか、あるいは冷たくあしらわれてしまうだろうか、いろいろ考えてしまう。こうなるともうほとんどナンパと同じ気分だ。結局衣装店の若奥さんにお願いする。彼女は自分の赤ちゃんを抱きファインダーに納まってくれた。その後タシュクルガンの屋外レストランで昼食を取り、カラクリ湖へ戻る。

今夜が最後の夜だ。天候は三日間の中で最も良く一点の雲もない。今夜は持参のポータブル赤道儀に魚眼レンズで全天を撮影する。もちろん引き続きペルセウス座流星群も撮影する。二三時過ぎより撮影開始。一分の都市光もなく、三六〇〇メートルの標高、加えて髪の毛を触ると静電気が生じるほどの乾燥した空気。これらの要素が相乗し言語を絶する恐るべき星空だ。特に印象的なのは、はくちょう座からカシオペヤ座にかけての部分で、まさに漆黒の空に銀礫を撒いたようだ。そしてそのひとつひとつの輝きが強い。

これほどの空だとちょっとした変化も写真に反映する。全天写真を何カットも撮影したが、最初のものは星空のバックの色がマゼンタ（赤紫）だった。しかし後のほうのものは緑がかってきた。おそらく大気光の影響だと思う。いずれにしても南米アンデスの高地とともに車で行ける場所としては地球最高の星空だろう。私は当時、日本全国の星空の全天写真を撮り、日本の星空の観測地ガイドを執筆していた。岩手・北上山地の袖山高原の透明度がベストなときが、このカラクリ湖の天の川の輝きに近かった。

【カシュガル観光】

朝起きると眼前に素晴らしい光景が。太陽が顔を出す前、コングール連峰の頭上から天に向かって扇を開いたかのように光の筋が伸びているではないか！　光芒と呼ばれる現象だが、これほど見事なものはかつて見たことがない。おそらく上空の氷晶によるものだと思う。別れのあいさつはあまりにも神々しかった。名残惜しいが帰路につかなければならない。

カシュガルに昼頃着く。今日はウルムチまで行くのだが、カシュガルからのフライトが夕方なのでそれまで簡単にカシュガルを観光する。まず新疆最大の寺院であるエイティガール寺院を見学する。ウイグル族はイスラム教なので定期的にここで礼拝をする。したがって見学は礼拝の時間以外となる。見学後市内の屋外レストランで昼食を取る。新疆名物のシシカバブは日本の焼き鳥を巨大化したようなものだ。ただ肉は羊で串は鉄。トルコにもあるが、ウイグル族はもともとトルコ系で、中央アジアに来て漢民族と混血したのだからトルコと共通点が多い。

昼食後今度は香妃墓に行く。香妃墓はイスラム調の大変美しい造りで中にはウイグル族の香妃とその一族が眠っている。香妃は一七世紀ウイグル族の王であったアパク・ホージャの孫で香水もつけていないのに香が漂っていたという。本当はここでもう一泊しバザールに行きたかったのだが、余裕がなく今回は見送る形となった。フライトまで少し時間があるので市内のホテルで休憩する。

カシュガルからの機中、隣席に日本人の教師がいたので話しをする。私が「自分は星の観測に来ました」と言う。すると彼は「今の子供はそういう機会があまりない。星とか自然に親しむことは人の感性を養う上で重要なのです」と。全くそのとおりだと思う。ウルムチに着くとミナワさんが待っていた。彼女が「サンバイのガイド振りはどうでした」と聞く。「ええ、いろいろよくやってくれましたよ」と答える。今夜は環球大酒店というホテルに宿泊する。翌日再び北京で宿泊し成田への帰路につく。帰りの機中でいつかはヒマラヤやカラコルムの八〇〇〇メートル峰の頭上に輝く流星を撮るとの決意を新たに。

それにしてもウルムチに着いたときは本当に焦った。英語で何とか中国人の店員に電話をかけて連絡をとってもらうまでにいたったが、おそらく実際は日本語も交えてのボディーランゲージだったに違いない。本当に困ったときはなりふりなどかまわず必死さをアピールすれば、案外伝わりやすいかもしれない。

天空の花園でうしかい座の使者を待つ

スイス・ミューレン

【アルプスの原風景と幻の流星群】

一九九八年六月二七日、梅雨の最中、日本の夜空を突如流星群が飛来した。この夜晴れ間があった地域からは、一時間あたり一〇〇個をこえる観測報告があったという。この予期せぬ突発出現を見せた流星群は、うしかい座流星群といい、また母彗星の発見者の名前をとり、ポン・ウィンネッケ流星群とも呼ばれる。それ以前のまとまった出現は一九二七年、中央アジアで観測されている。それゆえ後項のぎょしゃ座流星群同様、幻の流星群と言われていた。しかしダストトレイル理論から六年周期というのがわかり、二〇〇四年、日本で一時間あたり二〇個ほどの出現が観測された。そして二〇一〇年六月二四日午前一〇時（日本時）、ダストトレイルと地球が接近する予報が出された。

条件が良いのはアメリカとヨーロッパだ。どちらかといえばアメリカの方がうしかい座の放射点が高い宵の時間となるので有利だが、アメリカはすでに三ヶ所取り上げている。本書は世界の五大陸から最低一箇所、絶景地を取り上げているが、ヨーロッパではアイスランド、グリーンランドといずれも島であり、ヨーロッパ本土では一ヶ所もなかった。本土からやはり一ポイント選定しなければならない。クロアチアのプリトヴィツエ湖沼群なども興味を引いたが、やはりヨーロッパアルプスを外すわけにはいかない。そこでアルプス最高峰・モンブランのあるシャモニー、マッターホルンのヴァリスアルプス、そしてアイガー、ユングフラウを有するベルナーオーバーラントアルプスを候補に上げた。

一般に山だけを見ればシャモニー、ヴァリスの方が優位といわれている。しかし今回はベルナーオーバーラントのミューレンを選定した。その理由は二つある。一つはアニメ「アルプスの少女・ハイジ」の冒頭シーンで、一面緑の牧草地（アルム）、谷の向こうに聳える白銀の峰々、そんな少年時代に憧れたアルプスの原風景を最も具現化した場所であること。そしてお花畑と白銀の峰々との星景写真を考えた場合、月齢はもちろん月との位置関係が適切であることからだ。ヨーロッパアルプスの星景写真は何人かの人が発表しているが、お花畑と白銀の峰をあしらった写真はまだ見たことがなかった。

【天空の村・ミューレンへ】

二〇一〇年六月二三日午前、成田よりスイス航空でチューリッヒへ。チューリッヒに近づくと機窓よりはるか彼方、雲の上に白銀の山々が見えてきた。一二時間近いフライトで同日の夕刻到着。夕刻といっても夏至で北緯四六度、サマータイムを導入しているのでまだまだ陽は高い。空港駅より鉄道でスイスの首都・ベルンへ。ベルンから乗り換えてインターラーケンオストへ。天気は良くアイガー、メンヒは見えるがユングフラウは雲がかかって見えない。途中トゥーン湖に沿って進むが、何となく北アルプス山麓の木崎湖に似た感じだ。インターラーケンオストからさらに乗り換えてラウターブルンネンへ。

実は海外で鉄道の旅というのは今回が初めてだ。八年前、グリーンランドに行ったとき、最終日にコペンハーゲン市内から空港へ行くときに乗ったにすぎない。乗り換え時間も一〇分に満たないことから不安、プレッシャーも感じていた。しかし実際はホームに行き先、時間、番線の掲示板があり問題なく乗り継げた。ラウターブルンネンに到着すると、今度はグリッチアルプまでケーブルで登る。グリッチアルプから再び鉄道で目的地のミューレンへ。今回鉄道を利用するということで、二等車両のスイスカードを使った。スイスの駅には改札がなく、車内でこれを提示することで初日と最終日の利用が無料となり、間の日の利用は半額となる。スイスカードはスイス国内のほぼ全ての鉄道の他、ケーブル、ロープウェイにも適用される。

二〇時頃ミューレン駅に到着。日没は二一時半なのでまだ明るい。ミューレンは標高一六五〇メートル。あまりにも有名なグリンデルワルトに比べ、素朴なアルプスの山村というイメージだ。ラウターブルンネンの崖の上にあることから「天空の村」と呼ばれている。ここからアイガー（三九七〇メートル）、メンヒ（四〇九九メートル）、ユングフラウ（四一五八メートル）のベルナーオーバーラント三山が見えるのだが、あいにく雲に隠れている。今日から三日間ここに滞在するのだが、宿泊するホテル、アルピナは駅から歩いて五分もかからない。さっそくチェックインを済ませる。部屋は最上階の三階だ。ホテルというよりも山荘という感じでもちろんエレ

滞在したホテル、アルピナ。ミューレンは車の乗り入れが禁止されている

ベーターもない。しかし部屋は清潔で狭いながらもトイレ、シャワーは付いている。

【うしかい座流星群不発】

今回の撮影テーマは、お花畑と白銀の山々の頭上に輝く星、うしかい座流星群だ。花と星の競演は星景写真の中でも大変魅力がある。日本ではよく信州の霧ケ峰でニッコウキスゲを前景に撮影していた。このテーマを叶えてくれる場所こそミューレンの北西に広がるブルーメンタール、ドイツ語でそのものずばり「花の谷」の意味だ。部屋に荷物を置き、すぐにロケハンに行く。ブルーメンタールはミューレンよりも二〇〇メートルほど高いだけなのだが、道がアスファルトの直登なので思いのほかきつい。

やがて砂利道になると周りに白や黄色の花が見えてくる。レストランを過ぎ左の道に入ると、夢にまで見たお花畑が目の前に広がっている！　ほとんど日本の高山植物、ハクサンイチゲのような白い花の群落だが、手前に目的の黄色い花がある。ここからのベルナーオーバーラント三山はまさに絶景だが、残念ながらまだ雲がかかっている。しかし日没間際、メンヒが一瞬紅に染めた姿を現してくれる。撮影のイメージはほぼできたので、ブルーメンタールを後にする。ミューレンに戻ったのは二二時を過ぎていた。晴れるまで部屋で休憩する。なかなか晴れないが日付が変わった頃から晴れてくる。

しかし完全に晴れてきたときはもう月が山の尾根にかなり近づいている。これではブルーメンタールに着いたときは完全に月は尾根に隠れているだろう。そこで花はあきらめ、駅近くの眺めの良い場所でベルナーオーバーラント三山を前景に撮影することに決める。午前一時四八分撮影開始。うしかい座流星群の出現時刻は三時頃だが、もう見えてもおかしくない。しかし三〇分、一時間経ってもそれらしい流星は出ない。結局三時にカシオペヤ座近くに明るい流星が流れたが、うしかい座流星群ではない。

前回の出現から六年たち、流星群のもととなるダストトレイルが拡散してしまったのだろう。それとも今は牛の放牧たけなわだ。うしかい座の主は本業で忙しいからだろうか。いずれにしてもこの夜、一つもうしかい座流星群の流星は見なかった。しかし明日もまだチャンスはある。また肉眼彗星になるかと話題のマックノート彗星も北東、薄明の低空に探したが見えなかった。期待通りにならないのは彗星の常だ。三時半に撮影を終了する。

【ビルクの大観】

九時過ぎ起床する。雲ひとつない快晴だ。ホテルのレストランで遅い朝食となる。パン、ハム、チーズ、ジュース、コーヒーを取る。レストランの窓からはベルナーオーバーラント三山が素晴らしい。特にユングフラウは近いだけあって圧倒的な迫力だ。カレンダーや絵葉書などでよく見る優美なイメージではない。それに思っていたより白かった。最近写真等で見るスイスアルプスの山は黒い部分が多いからだ。来る前はおそらく悪天が多く、高所では雪だったためだろう。

朝食後、ミューレンの裏の丘であるアルメントフーベルへケーブルで登る。アルメントフーベルからブルーメンタールへは、お花畑の素晴らしいハイキングコースだ。黄、白、紫、ピンク、青、まさに絢爛たる花々。放牧の牛にはカウベルと呼ばれる鈴の音、そして観光用だと思うが、どこからともなくアルプホルンの音も聞こえる。谷の向こうには白銀の峰々。かつて憧れた夢のシーンが現実のものとなる。しばし幸福感にひたる。

花の谷ブルーメンタールを見下ろす。遠景はブライトホルン（左）、グスパルテンホルン（右）

ミューレンに下り、今度はロープウェイでシルトホルン（二九七一メートル）に登る。登るにつれてユングフラウの高度感が増してくる。しかし中継地点のビルクを過ぎるとガスの中に入ってしまう。もう展望は全くきかない。シルトホルンの山頂には回転式のレストランがあり、これは映画００７シリーズ「女王陛下の００７」のロケ地になった。晴れていればさぞ贅沢な食事となるだろうが、何も見えないのでビルクへ下る。

ビルクは晴れており、シルトホルンより三〇〇メートル低いが展望台からの眺めはまさに絶景だ。左からアイガー、メンヒ、ユングフラウ、ブライトホルン、グスパルテンホルンと続く。特にユングフラウは谷底から直線距離五キロに対し、およそ三〇〇〇メートルの高度差で聳えすさまじい迫力だ。地表に出ている山のボリュームはヒマラヤの巨峰と比べてもそれほど遜色ない。ヒマラヤは高いが、間近に眺める場所がすでに四〇〇〇メートル前後だからだ。山高きが故に尊からず、という言葉がある。山容はもちろん、直線距離と高度差とのかねあいからくる迫力もその山を印象づける重要な要素だと思う。

よく見ると雪溶け水が何本か岩壁をつたい谷まで流れている。これを滝とみなすならとてつもない落差だ。景色に見とれていると、東南アジア系と思われる家族から「写真を撮って」と頼まれる。聞けばインドネシアから来たという。私が「ボルネオのキナバル山に行きたいんです」と言うと、彼は「私は行ったことはありません」と。しばらくすると、今度は白人の中高年の女性が「もうすぐロープウェイが降りますよ」と声をかけてくれる。三人グループで国は何とデンマークだ。まさに今日、サッカーワールドカップで日本の対戦相手だ。連れの男性と互いに「今日試合ですね」と言い合う。

【お花畑の誤算】

ミューレンに戻りホテルで休憩後、アジア系のレストランで夕食を取る。TVはサッカーワールドカップ、イタリア対スロバキア戦を放映している。他の客も見入っている。これから日本とデンマーク戦、放映すれば見たいのはやまやまだが。いやそれよりも自分自身の大事な戦いがある。言うまでもなく前夜撮影できなかったお花畑での星景写真だ。昨日と同じく山はガスっているが、日付が変わる頃から晴れてきたので、ブルーメンタールへ出発する。

だが目的のお花畑に着くと同時に唖然としてしまう。思いのほか月が低くちょうど山陰に入ってしまったのだ。これでもう月光の照射はなくなり、この場所での撮影は無理となる。まだ月没まで三時間あるというのに。急いで他の場所を探す。幸いミューレンに下りる途中、右に入る歩道から黄色い花の一群があり撮影に適した場所がある。花は日本の高山植物、ミヤマキンポウゲのようだ。花、バックの雪山、そして星空の面積配分を考慮して三脚を低めにセットする。お花畑の星景写真はカメラの横、縦位置、そして視線、すなわち三脚の高低で印象が変わる。花は白、黄、ピンク系が月光下では色がわかりやすい。

午前一時三分撮影開始。だがここでも月光は四〇分ほどで尾根に隠れてしまう。さらに思ったよりも南によっていて、ユングフラウの右側は光カブリの影響が出てしまった。それでも帰宅後現像してみると、かろうじてメンヒの左上に流星が写っていた。一時四三分、場所を変え山と樹木を前景に撮影を再開する。しかし撮影終了までうしかい座流星群は確認しなかった。この満月近い月光下、肉眼で認識できない暗い流星は出ていた可能性はあるが。この流星群は微光のものが多いというからなおさらだ。

【ユングフラウヨッホの天空ショー】

六月二五日、今日も快晴だ。昨日同様、遅めの朝食をレストランで取っていると、私よりもっと遅い老年の夫婦が来た。聞けばアメリカから来たという。「世界の公園」といわれるスイス。本当にインターナショナルだ。部屋に戻りTVを見ると、ワールドカップの番組で決勝リーグのトーナメント表が、日本対パラグアイとなっていたのでデンマークに勝利したことを知る。その後今日はどこに行こうかあれこれ考える。当初の予定ではメンリッヘンという丘のような山からお花畑と山の展望を楽しもうと思っていたのだが、せっかくスイスカードが使えることもあり、急きょユングフラウヨッホへ行くことにした。ミューレンから九〇スイスフラン（約8千円）で往復できることもあるが、妙に行かなければならない、という気持ちになってしまった。

ヨッホとは肩のことで、つまりユングフラウの肩という意味。位置はメンヒとユングフラウの間で標高三四五四メートル、鉄道駅としてはヨーロッパ最高所。それゆえトップ・オブ・ヨーロップといわれる。その前にラウターブルンネンに下り、ヨーロッパ有数の規模を誇る、シュタウプバッハの滝を見に行く。崖の上から三〇〇メートルの落差があり、地面に届くまでに霧散してしまうので滝つぼはない。ラウターブルンネンからクライネシャイディック行きの鉄道に乗る。ぐんぐん高度を上げて走るとユングフラウが美しい姿を見せる。クライネシャイディックに近づくと、ユングフラウヨッホの頭上あたりに日暈が出ている。まもなくクライネシャイディッ

ヨーロッパ有数の落差を誇るラウターブルンネンのシュタウプバッハの滝

クに到着。ここからユングフラウヨッホまで乗り換えて行くのだが、アイガー北壁の眺めはとにかくすさまじい。灰色の高度差一八〇〇メートルの壁は、日本人クライマーのアイガー北壁登攀記として小学校の国語の教科書にも出ていて、当時非常に印象に残った。

いよいよヨッホへ向けて出発だ。このアイガー北壁とメンヒの壁の中をぶち抜くというとてつもない工事を経てヨッホへの道は完成した。全てトンネルだが、途中二箇所外部の展望ができる地点がある。車内放送もドイツ語、フランス語、英語、日本語、韓国語等でアナウンスしている。アイスメーアという地点でガラス窓越しに氷河を間近で見られるが、氷河の上に虹のよう

ユングフラウヨッホよりアルプス最大のアレッチ氷河

なものが出ているではないか！　もしや環水平アークか、と思い一刻も早くヨッホに着きたくなる。まもなくヨッホに到着。エレベーターと階段で外の展望台に出てみるとあったのだ。ユングフラウの頭上に先ほどの虹が。他の日本人の客も口々に「あっ、虹」と叫んでいる。さらにその虹の上には日暈も出ている。

虹の正体は環水平アークといい、別名「水平虹」とも呼ばれる。通常の虹は雨上がりや滝つぼなど、水滴によって太陽の光が屈折することで生じるが、環水平アークは氷晶により生じる。日本でも太陽の高度が高い初夏の頃目撃したということをたまに聞くが、そうそう見られる自然現象ではない。やはりここに来て良かった。朝妙に胸騒ぎがしたのも意味があったように思う。大気光学現象の絶景にしばし見とれる。それにしても五月のオーストラリアといい、ここのところ不思議に虹に縁がある。出会わないときは全く出会わないのだが。アルプス最大のアレッチ氷河、巨大なピラミッドのメンヒ、景色もまた絶景だ。氷の宮殿に立ち寄り、ヨッホを後にミューレンに戻る。

明日は帰国だ。朝七時過ぎの電車に乗らなければならないので今晩の撮影は割愛する。今回残念ながらうしかい座流星群は撮影できなかったが、実は一九九七年尾瀬で偶然にもこの流星群を撮影している。実物は見なかったがこの流星群を見た人は、まるで遠雷のような輝きだったという。いつの日かこの流星群も実際に見て撮影したいものだ。日本が決勝リーグに進出しワールドカップもいよいよ佳境だが、世界の絶景地で流星星景写真を撮ることは、まさに私自身のワールドカップにほかならない。帰りの飛行機の中で隣席の若い日本人女性と話をしたが、彼女はスペインからスイス径由で帰国する。彼女曰く「私は将来フラメンコで身を立てたいの」と。ささやかなことでもいい。人それぞれが自分自身のワールドカップを持てたら素晴らしいと思う。

帰国して初めて買ったスイスのガイドブックを見ると一九七六年とある。途中、他の地域、他の事に興味を持ちアルプスのことは忘れかけていた。しかし、星、流星が三四年という時を経て初めてアルプスへと導いてくれた。本当に天文をやっていてよかったと思う。

中華至高の地に大流星炸裂!

中国・桂林

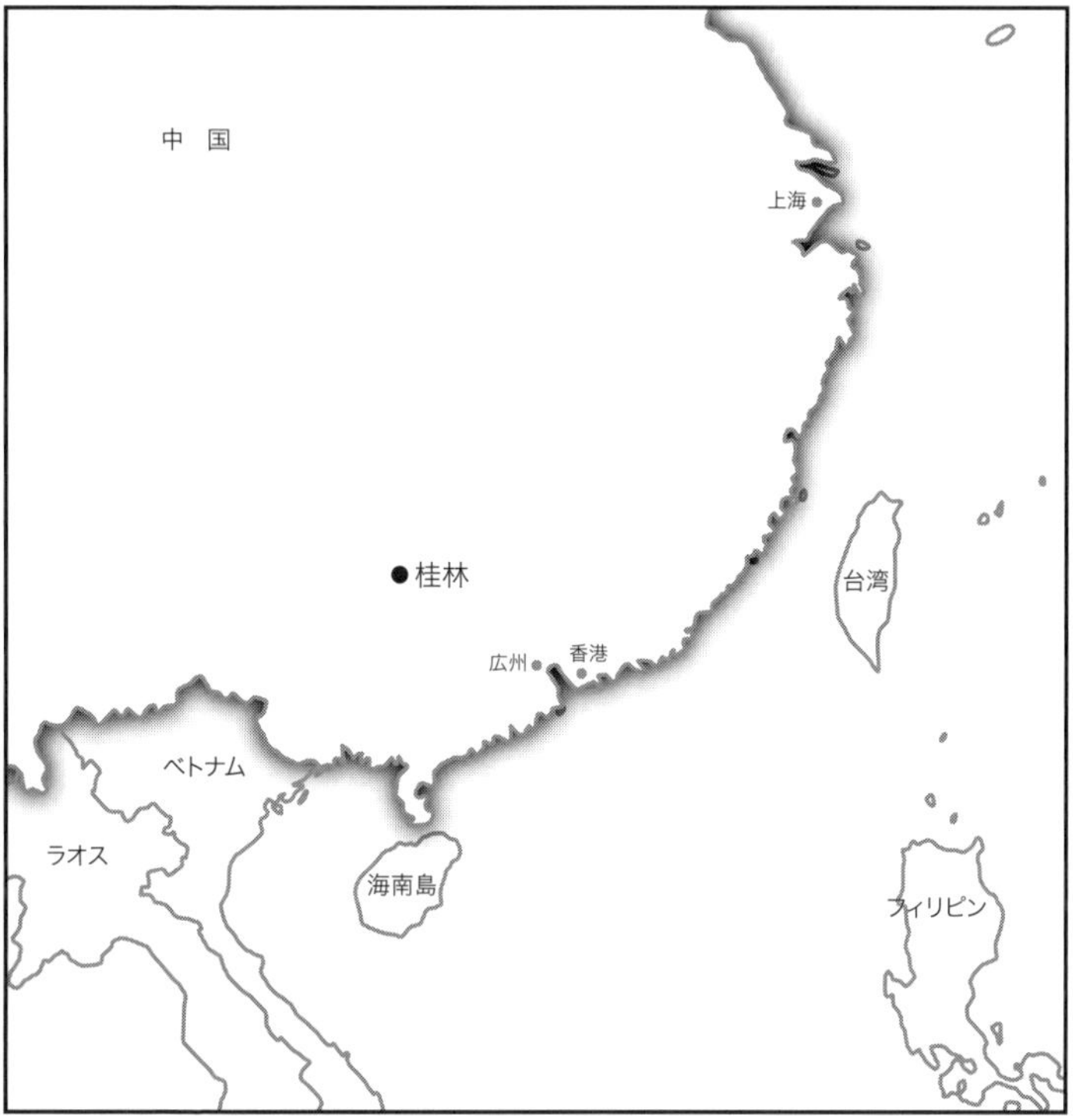

【海南島か桂林か】

前年、エジプト白砂漠でしし座流星群の一四六六年ダストトレイルによる流星群活動を確認したが、今年の日本時間一一月一八日、朝六時五〇分頃に同じ一四六六年ダストトレイルが地球に接近する予報が出されていた。日本では当然観測はできない。そこで条件の良い中国で観測しようと決めていたのだが、当初は中国南端にある海南島を最有力候補地としていた。

その理由は夜明け前の薄明時には東の水平線の色がオレンジやピンクとなり、色彩的に大変美しい星景写真が撮れる。海南島なら薄明の時間に出現のピークとなるからだ。日本でもそのような流星写真を撮らなかったわけではないが今ひとつだった。水平線、もしくは地平線が色づいている時間は二〇分位で、その間にカメラの画角内に立派な流星が入るのはなかなかないからだ。

そんなわけでその年の三月、海南島に下見にいった。さすが「東洋のハワイ」と呼ばれるだけあって温暖で白砂の美しいビーチが続く。めぼしいビーチの観測場所を発見したが、念のため夜の状況も確認したかったのでそのまま待つ。するとどうだろう、日が暮れると同時に沖合いに光るものが。漁火だ！　どんどん数が増え、明るさも増してくる。これでは撮影は無理だ。海南島の専門旅行会社に一一月の漁火の状況確認の依頼をし、海南島案は保留とする。

さてそうなると次の候補地を探さなくてはならない。以前より中国の絶景でどうしても気になるところがあった。「山水画のふるさと」と言われる桂林だ。だが桂林では月のあるときの撮影を考えていた。今回は月明かりはない。しかしあの特徴ある岩峰群なら、シルエットでも十分イメージを伝えられるだろう。そういうわけで次点は桂林に決まった。一〇月に海南島の旅行社に確認したら、やはり漁火はあるとのこと。これで桂林に決定した。

【中国美女をビビッとさせる】

さて桂林に決めたなら桂林のどこで撮影をするかリサーチしなければならない。前々から月明かりを利用した撮影がしたかったので、ガイドブックの絵地図や名所の写真を参考にこの風景はどっちの方角なのかをあれこれ考えていた。しかし問題があった。方角がわかり、撮影意図に見合う適切な月齢の条件だとしても実際にその場所に行けるのか、ということだ。写真で見る絶景はほとんどが漓江という川から船で見たものだからだ。

その後、近畿日本ツーリストの中国のパンフレットに桂林の興坪という場所で日本人が経営している老寨山旅館があるのを知った。この場所は桂林の中でも特に風光明媚で、中国の旧二〇元札紙幣に描かれていたほどだ。さっそくインターネットで検索をし、旅館に日本から国際電話をし、撮影に適するかを確認した。すると「星はきれいですよ」とのこと。さっそく三泊の予約を入れた。一泊百元なので日本円にしたら千三百円ほどだ。

二〇〇九年一一月一五日、朝成田より上海へ。着後国内線に乗り継ぎ桂林空港に行くわけだが、搭乗時にチケットを係りの若い女性に渡すやいなや、女性が「ワッ！」と驚きの声を上げた。チケットを渡すさいに手が触れたのだ。こちらも「ビビッ」とした感触があったが相手のほうがより強く感じたようだ。もう一五年位前、松田聖子が婚約発表したとき「キッカケは何だったのですか」と聞かれ、「ビビッときたから」と答え当時話題となった。文字通り中国美女をビビッとさせてしまったのだ。ビビッの正体はもちろん静電気だが、非常に乾燥していたのだ。

一時間ほどで桂林に到着。さすが中国が世界に誇る観光地、空港は大きく立派だ。空港を出るとガイドが出迎えてくれた。雨が降っていて寒い。ガイドといっても今回は興坪までの送迎のみだ。ガイドさんは若くかわいらしい女性で桂林市内にある大学の学生だという。老寨山旅館の林克之氏のことも知っていて「林さん、三〇歳若い中国の奥さんをもらったんですよ」と教えてくれた。びっくりしたが最近は日本でも外国人とのカップルはそれくらい年の離れた夫婦もいる。雨でガスもあるので桂林特有の岩峰群もよく見えない。空港から一時間半ほどで興坪に着く。

旅館に着くやいなや林さんが「目的は流星群だろ。こっちのニュースでもやっていたよ」と。さすがしし座流星群、こちらでも注目度が高い。夕食は暖かい鍋に冷奴、ご飯を出してくれた。

林さんは六〇歳を過ぎているが、若い頃はなんと「ヒマラヤに電気を通した人」として当時の雑誌などに紹介されたこともある人だ。ガイドさんの言っていた中国人の若い奥さんと結婚したキッカケを聞くと、「TV局の取材を受けたとき、そのTVを通して嫁さん募集と呼びかけたんだ。そしたら彼女から手紙が来てね」と。なるほど、そして会ったらビビッときたわけだ。奥さんとの間には喜多郎君という男の子がいる。

【世界遺産にならない訳】

翌朝外に出てみると曇っている。朝食をすませロケハンをする。目の前を漓江が流れているが水量が少ない。これでは桂林名物の船下りも陽朔までは無理でここ興坪までとなる。しかし私の知人で船下りをしたものがいるが、「五時間も乗っていたらいい加減飽きちゃうよ」と言っていた。水量が少ないので簡単に河原に降りられるので、撮影場所には事欠かない。まさに旧二〇元札に描かれた世界がそこにあった。目に付く岩峰群は高度差二〇〇メートルはあるだろう。

さらに川の上流に向かってアスファルトの車道を歩く。少し歩いたら道は土に変わった。しかもここのところの雨でぐちゃぐちゃにぬかっている。いたるところに水たまりがある。そんな道でも結構車やバイクが通る。道沿いには人家や畑がある。しかし周囲は圧倒されるような石灰質の岩峰が立ち並び、まさに山水画の真只中にいるのだ。

しばらくすると立派な建物が右手に見えてきた。台湾小学校とある。私は正直桂林の山中にこういったものがあるとは思っていなかった。実際に訪れてわかったのだが、漓江沿いはれっきとした人々の生活圏なのだ。折からのインフルエンザ禍、小学校は部外者は門をくぐることさえ禁

興坪の船着場。水量は少ないが山水画の世界そのものだ

止だった。しかし屋上は光がなければさぞ絶好の撮影場所だろう。

奇峰が林立する光景は、桂林をイメージするときだれもが持つだろう。ここは三億七千万年前は海底だった。それが隆起し長い年月をかけ雨水にさらされ現在の形となったが、実はこうしたカルスト地形はベトナム北部まで続いている。そこで以前から不思議に思っていることがあった。ベトナムのハロン湾は「海の桂林」と呼ばれ、世界遺産にも登録されているが、ハロン湾より規模も大きい本家本元の桂林が何故世界遺産になっていないかということだ。

旅館に戻り、さっそくこのことを林さんに言ってみた。すると林さん曰く、「偵察に来たけれど二つの点でだめだったんだ。

一つは公衆トイレの清潔性、もう一つは人工物が目に入りすぎることだ」。なるほど、どこかの国の最高峰がやはり登録申請を却下されたのと事情が似ているではないか。こちらも紙幣の顔となっている点も共通している。

それにしても今夜も寒い。〇度近いだろう。一月の気候だという。出発前、北京で大雪とのニュースを聞いたが、その雪をもたらした寒波がここ中国南部まで影響をおよぼしているのだ。

【奇跡！流星群当日晴れる】

翌一七日は朝から薄日が差している。今夜がしし座流星群本番だがタイミングよく、好天の周期となってきたようだ。船着場には土産の露店が並んでいる。興坪の町の土産屋を見てみると、アクセサリー、刺繍を施したバッグなど、どの店も同じ品物だ。ひなびた感じのカフェもある。

昼過ぎから快晴となってきた。今夜の撮影は間違いないだろう。しかし何と運のいいことか。八年前のアイスランドでのふたご座流星群を思い出す。あのときも極大日に奇跡的に晴れたのだ。河原に降り再度チェックする。東は山が高いがそれ以外はどの方向も絵になる。

夕方前に旅館の裏に聳える老寨山に登った。昨日も登ったが、今日は岩峰に沈む夕日が撮影できる。三〇分少々で鉄塔のある頂上に着く。登山口から二〇〇メートル位の高度差だろう。中国人の先客が一人いた。西を見ると地平線近くに太陽がある。急いで三脚を立て岩峰の脇に沈む

老寨山より興坪の町を望む。想像以上に町の規模が大きい

シーンを撮影する。それにしてもここからの延々と連なる岩峰群の眺めはまさに絶景だ。こんな光景は世界で桂林以外にあるのだろうか。

日本では群馬県の妙義山が桂林を語るとき、よく引き合いに出される。中国人でさえ山水画風と思っている人もいる。確かに形は似ているが岩の質は異なる。その点むしろ西上州の二子山の方が、同じ石灰岩なので見る角度によってはより桂林のイメージに近いと思う。

【獅子の咆哮再び】

しし座流星群のピーク時刻は日本時間で一八日の朝六時五〇分頃だ。中国時間では五時五〇分となる。七時に日の出となるので六時まで撮影できる。午前三時すぎ、布団から出て準備をする。撮影場所に行く途中、犬をたくさん飼っている家の前を通る。放し飼いにされていたら吠えながら寄ってこられてやっかいだが、さすがにこの時間は犬も家の中のようだ。

撮影場所に到着するが、南は興坪の町の光が思った以上に強い。埠頭の外灯もある。これは予想外だった。しかしそれ以外は暗く、またここのところの寒気で空も澄んでいる。標高は高くないがカシオペヤ座付近の天の川が美しい。西にはおうし座のプレアデス、ヒアデス星団が輝いている。午前四時三分撮影開始。数分もたたないうちに西の空にマイナス一等のしし座流星群の流星が飛来。その後も明るい流星がいくつか流れたが、五時近く天頂に閃光を感じたので見上げたら、何と流星の形そのままに流星痕（流星の流れた後の残像）が！　相当の大火球にちがいない。五分以上そのままの形で残り、流星痕マニアなら垂涎ものだ。

私もよっぽど撮りたかったが、そうなるとカメラ一台を外すことになる。外した方向にまた立派な流星が出たらと思うとできないのだ。流星写真を撮る者の習性だろう。五時半位から低層の雲に覆われてしまい撮影終了となる。

旅館に戻り撮影できたことを林さんに報告する。あまりにも有名な桂林だが、ここでの星の写真はほとんど発表されたことがないと思う。まして星空とともに流星が奇峰群のシルエットの上を飛ぶというシーンとなると、なおさらだろう。林さんも「桂林の写真はたくさんあるが、星

奇峰に突き刺さるしし座流星群。左上にはプレアデスが輝いている

の写真は一度も見たことがないよ」と。私自身インターネットで中国人が撮影したのを一度だけ見たことがある。後日一番良い流星の写真を送る予定だが、ここには中国全土から写真家やTVの取材などで映像関係者が来る。そのとき彼らがその写真を見てどんな評価を下すか楽しみだ。まもなく往きと同じガイドさんが迎えにきて空港に向かう。往きで見られなかった景色が今度はよく見えた。

桂林を選択し、しし座流星群を撮影できたが、早急に結論を出さず最後まで海南島と吟味したのが結果的に成功に繋がったと思う。実を言うと海南島に下見に行ったとき、現地のガイドが一一月はもう漁火はないから大丈夫、と言っていたがそれをそのとき鵜呑みにして早急に結論を出さず、直前まで吟味したのが良かった。

三章——海洋絶景と星との競演

南氷洋のロックアートと南十字星

オーストラリア・グレートオーシャンロード

【グレートオーシャンロードとみずがめ座流星群】

オーストラリアの絶景というと、先ずエアーズロックを思い浮かべる人が多いだろう。先住民アボリジニの聖地であり、世界最大の一枚岩は確かに驚異と神秘を与えずにはおかない。ただここは夜間立ち入り禁止となり星景写真を撮ることはできない。エアーズロックリゾートというところがあるが少々離れてしまい、またリゾートゆえ明りもあり撮影にベストとはいえない。

次に有名なところに世界最大の珊瑚礁、グレートバリアリーフがあるが、何分にも上空からでないと珊瑚のイメージは出ない。西オーストラリアにはピナクルズという奇景があるが、ここはすでに何人も星景写真を発表していて新鮮味に欠ける。北部には最近脚光を浴びつつあるバングルバングルという景勝地があるが、世界的にみれば似たような景観は他にもある。中央部の砂漠地帯やタスマニア島も面白いと思うが、ここならではというほどではない。

本書で取り上げた場所は、有名だがそこでの星景写真はほとんど発表されていないところ、もしくは絶景だがまだあまり知られてないところだ。この点からオーストラリアを見ると、メルボルンの西に位置するグレートオーシャンロードが最も良いとの判断を得た。そこは南氷洋からの荒波と強風が創り上げた、まさに海のロックアートと呼ぶにふさわしい世界有数の海洋絶景だ。

また南半球なら五月上旬に極大を迎える、みずがめ座流星群がねらえる。この流星群は、日本からだとみずがめ座が東の地平線から少し顔を出したところで夜明けとなってしまう。流星の出現は放射点であるみずがめ座の高度が高いほど多くなる。南半球では五月は秋にあたり、夜明けの時間が遅いために大変有利となる。日本では一時間あたり五〜一〇個だが、ここなら日本の数倍は期待できる。つまりこの流星群は北半球でのペルセウス座流星群に匹敵し、まさに南半球の大流星群なのだ。そしてもととなる母彗星はあの有名なハレー彗星だ。私は日本でこの流星群はいままでに五個位しか撮っていない。南半球で撮ることは夢でもあったのだ。幸いＧＷで長期休暇も取りやすい。さらに今回は南半球の全天写真を撮るためにポータブル赤道儀も持参した。

【ジーロングへ】

二〇一〇年五月一日夜、成田よりジェットスター航空でオーストラリアの世界的リゾートであるゴールドコーストへ。さらに国内線でビクトリア州のメルボルンへ向かう。以前はメルボルンまで直行便があった。ジェットスター航空は低料金をモットーとしているので機内食等は有料となる。三時間ほどで到着。空は曇っている。さっそくレンタカーのカウンターへ行く。すると日本人の年配の夫婦が私の後ろに並んだ。「自分はグレートオーシャンロードに行きます」というと「まあ、私たちもですよ」と言う。やはりメルボルンに来る観光客はほとんどグレートオーシャンロードに行くのだろう。ツアーも多く出ている。

空港でパンとコーヒーで簡単に昼食とし、今日の宿泊地であるジーロングへ向かう。ウエスタンリングハイウェイに入り、プリンシスハイウェイを西へ一時間ほどで着くが、グレートオーシャンロードのポートキャンベルまではさらに三時間以上かかる。睡眠不足も考え、着いたその日にしては少々ハードなので初日はジーロングまでとした。ジーロングに近づくにつれだんだん晴れ間が出てくる。周囲には広大な農場が広がっている。オーストラリア大陸の広さを実感する。まもなくジーロングに到着。ジーロングはビクトリア州ではメルボルンに次いで大きな町で、人口は一七万ほど。宿泊するメルキュールホテルの場所がわからないので家族連れに聞いてみる。すると開口一番「日本人か」と言う。そう、ここジーロングはプロ野球千葉ロッテマリーンズのキャンプ地なのだ。お父さんが親切にホテルへの地図を書いてくれた。

チェックインし夕食まで休憩する。夕食を終えて外に出てみると、見えているではないか。西空にはオリオン座が普段見慣れている北半球とは逆さまになって。その上にはおおいぬ座のシリウス、そしてりゅうこつ座のカノープスも。そして南を見るとあった！　南半球に来たら誰もが見たい南十字星が。私にとっては二度目、実に一五年ぶりの対面だ。一度目はニュージーランドだった。しかし街中なので二等星までしか見えず、天の川やマゼラン雲の存在はわからない。

【一二人の使徒に沈む夕日】

翌朝、レストランで朝食後、いよいよグレートオーシャンロードを走る。今日の目的地はグレートオーシャンロードを代表する絶景地、一二人の使徒だ。ホテルのフロントで道を確認し一〇時過ぎに出発する。天気は良い。トーキーという小さな町を過ぎると、左に南氷洋の大海原と灯台が見えてきた。気持ちが高揚してくる。本書では海の絶景地はグリーンランドと本編しかないが、私はもともと海も非常に好きだ。もともと絶景に目覚める最初のキッカケは小学生の時で、日本各地の絵はがきを集めていた。そのときは山よりも海の方に魅力を感じていた。

グレートオーシャンロード入り口と表示されたゲートをくぐる。道はカーブが多くなる。まもなくアポロベイという町に着く。サーフィンのメッカなのだろう。サーフィンショップやモーテル、カフェがある。アポロベイを過ぎると道はしばらく海を離れる。再び海沿いに走ると左にギブソンステップという案内が。とうとう一二人の使徒に着いたのだ。ジーロングから三時間少々の道のりだ。イメージしていた岩峰が海から突き出ている。ただ岩の色は思っていたよりも黄色味が強い。すぐ右に大きな駐車場があるので車を停め、さっそく展望台に行く。

一二人の使徒とは、海中から突き出ている岩峰群をイエスの弟子である一二人の使徒にたとえているのだが、ここからは五人しかいない。実は二〇〇五年七月に一番手前の岩が崩れてしまったのだ。岩峰群の高さは七〇メートルほどだが、絶妙な岩の配列はまさに自然の創り出したアートを感じる。展望台から遊歩道を歩いて行くとさらに一個の岩峰、そして断崖から突き出たところの展望台からは二個の岩峰が見える。つまり現在は八人の使徒なのだ。日本でも海中から突き出た岩峰はあるが、松などの木が張り付いているものが多い。ここのは樹木が全くない。それにしても人が多い。しかも中国、インドとインターナショナルだ。

駐車場に戻り今度は一二人の使徒と並ぶ絶景地、ロックアードゴージへ向かう。ロックアードゴージとは、ロンドンからメルボルンへ向かう移民船ロックアード号が難破した場所にちなんで名づけられた。乗組員五四人のうち生き残ったのはわずか二人だけだった。新大陸を目前に夢ついえた無念さはいかほどであったろうか。南紀白浜の円月島のようなアイランドアーチウェイや、ラゾルバックの細い屏風を立てたような奇観が印象的だ。南氷洋の荒波と強風を感じずにはいられない。このロックアードゴージは全て見て回ると二時間はかかるので、今日は半分にする。

今日から四泊するトゥエルブ・アポストルモーテルへ行く。ここから一二人の使徒方向に戻り、使徒からは目と鼻の間で五分もかからない。海からちょっと中へ入っただけで北海道の原野のような景色だ。牛や羊がいる。モーテルの受付ブザーを押すと別棟から初老の女性が来た。「ダイアンと言います。よろしくね」と握手をしチェックインする。

休憩後、夕景を撮りに展望台へ行く。一二人の使徒に沈む夕日を見ようとたくさんの人がいた。やはり考えることは同じだ。太陽はもうかなり低いのだが雲の中だ。しかし水平線上がわずかにすいている。とそのときだ。予想もしていない光景が。何と使徒の一つの真上に太陽が姿を現したではないか！　夢中でシャッターを切る。もう二〇年ほど前だが、北アルプスの鏡平という場所で晩秋の槍ヶ岳の夕景を撮っていた。そのとき突如槍ヶ岳の頂上から月が出てきて驚いたことがあった。予期せぬことが現実に起こるから自然写真は面白い。

【南氷洋の岩芸術群】

夕食はモーテルのレストランでポークステーキを中心としたものを取る。今晩は結構宿泊客が多い。テーブルがほぼ満杯だ。南半球の星空の全天写真を撮ろうと夕食後二〇時過ぎに空を見ると、雲が多く切れ間から星が見えている程度。これでは無理だ。二一時半頃から晴れてくるが、今度は月が出てきてやはりだめ。その後再び曇ってしまう。

日付が変わった四日午前四時過ぎ晴れてきたので急いで用意をし、一二人の使徒の展望台へ行く。しかし西の方は雲が一面に広がっている。晴天域である東にカメラを向け撮影開始。使徒の頭上には、ほうおう座とエリダヌス座の一等星、アケルナルが輝いている。みずがめ座もかなり高度が上がっている。だが一〇コマほど撮ったところで雲が広がり雨までぱらついてきた。撮影を中止する。南の水平線には遠雷が光っている。

モーテルに戻り休憩する。日の出前に晴れてきたので再び展望台に行く。朝の光が一二人の使徒と南氷洋を包み、穏やかな表情だが南にはダイナミックな雲が湧き上がっている。その雲が日の出とともにオレンジ色に染まる。南氷洋の紺碧の色合いも大変美しい。実に感動的な時間だ。

撮影を終えレストランでパンとコーヒーの朝食を取る。この後天気は曇りから雨となる。九時に眠りに就く。目が覚めたのは夕方四時。外に出ると晴れているがすぐに曇りとなり雨となる。

夕食後、部屋から庭にたびたび出て空をチェックする。たまに雲の切れ目から星が見えたと思ったら次は土砂降りの雨となる。とにかく目まぐるしく天気が変わる。まるで熱帯のような感じだ。風も強くこの夜は全く撮影できなかった。

翌五日朝、風は強いが晴れ間もある。朝食後、今日はグレートオーシャンロードの誇る景勝地を一通り巡る。先ずロックアードゴージの先のアーチと呼ばれる岩を見る。なるほど真ん中に穴が開いていて岩が虹のような形だ。さらにその先のグロットでは波が間欠泉のように吹き上がり、時折美しい虹が出来る。さらに進むとロンドンブリッジという、ロックアードゴージのアイランドアーチウェイのような穴の開いた小島がある。このロンドンブリッジ、元々は陸地と繋がっていて陸地に近い方の穴の部分が崩れてしまった。つまり長崎のメガネ橋のように二つの穴があった。目には見えないが日々波風で浸食されているのだ。自然のパワーは本当に凄まじい。

ポートキャンベルという小さな町を過ぎると、いよいよ最後の景勝地とでもいうべきベイオブアイランズに着く。その名の通り奇岩や小島が海に浮かんでいる。一二人の使徒と異なりスケールは小さいが、白亜の岩は印象に残る。ここも海洋星景写真にはいいだろうが風が強い。このあたりは晴天だったが、一二人の使徒へ戻るにつれ使徒の方が霧に包まれているのがわかる。局地

ロンドンブリッジ。左側の穴の部分が崩落し、南氷洋の荒波のすさまじさを実感する

的に天候がまるっきり異なっているのだ。

この夜も、庭でパッと晴れても撮影地の農道に着いたらもう曇っているという有様だ。全く五分ともたない。ポートキャンベル方面なら晴れ間があるかも知れないと思って車を走らせるが、途中で完全に雨となってしまう。結局この夜も撮影はできなかった。

【三〇分のエクスタシー】

翌六日は相変わらず風が強く曇っている。朝食時ダイアンの夫のジョンに「毎日天気が悪いね。ここは星を見るにはいつがいいの」と聞いてみる。すると「マーチ、アイプリルかな」と答える。アイプリル、つまりエイプリル(四月)だがオーストラリア英語はエをアと発音する。

一〇時頃から晴れてきたので一二人の使徒

を撮影し、その後この近辺ではビーチに降りられる唯一のスポットであるギブソンステップに行く。数十メートルの崖を降りていくとビーチに出た。右前方には一二人の使徒の一人が見える。そして崖の連なりを見上げるのだが、この崖の雰囲気が日本にも似た場所がある。千葉県の銚子の南にある屏風ヶ浦だ。オーストラリアは太古の昔、南極大陸と繋がっていたがまさにその分断面を見るが思いだ。

そして浜には珍しいものもある。「波の花」だ。これは打ち寄せる波が泡状となって舞い、砂浜に大量に残っているのだが、日本でも石川県能登半島の曽々木海岸の冬の風物詩として有名だ。ビーチを後に今度はロックアードゴージに向かう。三日前にも行ったが回りきれなかった残り半分を見る。ここもビーチに降りることができ、海食崖の美しい風景を見ることができる。そして忘れてならないのがロックアード号の悲劇。去り際に持参のＣＤ、エンヤの「メモリーオブトゥリーズ」をせめてもの鎮魂歌として流す。

昼食はポートキャンベルのレストランで済ます。町は小さいがモーテルや大きなスーパーもあり、ここを拠点に巡るのもいいだろう。昼間曇っていたのが夕方から再び晴れてきたので、一二人の使徒で夕景を撮影する。ただ水平線上に雲があり使徒に沈む夕日は無理だ。撮影を終了するころはすっかり快晴となる。太陽が沈み薄暗い中、熱心に撮影している人がいる。「どちらから来られたのですか」と聞くと「ブリスベンから」と答え、さらに私が「ここ数日天気が悪いんで

ギブソンステップの波の花。海中のプランクトンの粘液で白い泡状となり生成する

す」と言うと「明日は快晴だよ」と。彼の言葉を信じるまでもなく、今夜こそ間違いないだろうと期待する。

夕食を終え外に出ると満天の星だ。二〇時四〇分、西のおおいぬ座を撮るが何とまたしても雲が出てきてしまう。一体ここの天気はどうなっているのだろう。再び二二時よりほぼ快晴となったので南十字星を撮り、すぐに赤道儀で全天撮影の準備をする。しかし南半球での全天撮影は初めてなので、極軸を合わせるのに苦労してしまう。目印となる星がなかなかわからない。そうこうしているうちに一番のポイントである小マゼラン雲に雲がかかってしまい、もうお手上げだ。

こうなるともう純粋に南半球のスターウ

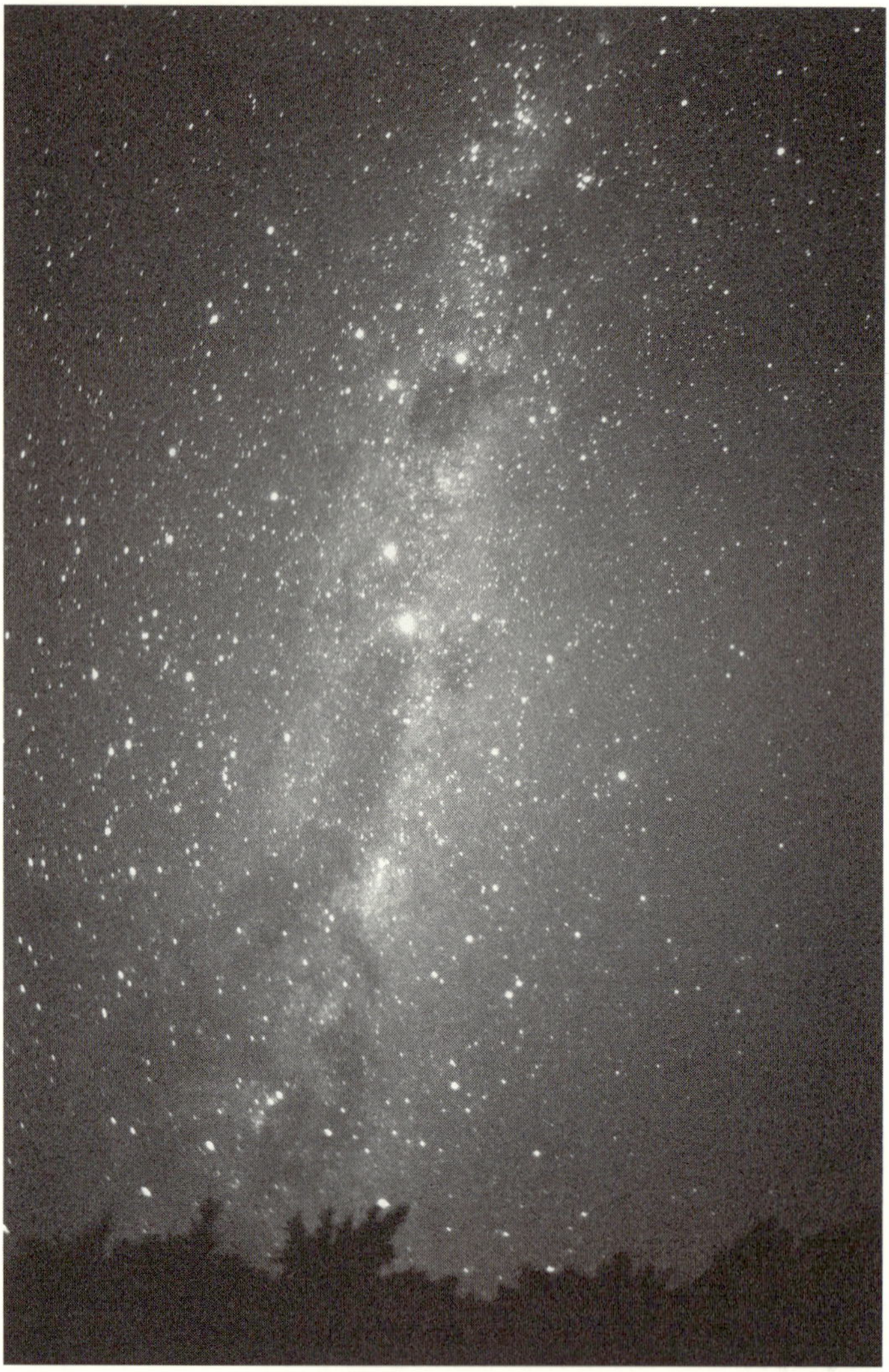

南天の銀河。最終夜、わずかな時間の晴れ間より南十字星、エータカリーナ星雲

オッチングだ。ケンタウルス座の二つの一等星、南十字星のコールサックと呼ばれる暗黒の箇所、全天で最も美しいエータカリーナ星雲、南の空高くまるで虹のようなアーチの天の川。東にはさそり座も昇っている。だが二三時半を過ぎるとまたしても曇ってしまう。しかしこの間、北半球では見ることのできない星空にしばし酔いしれる。

【縁がない？みずがめ座流星群、しかし】

結局、このまま晴れることはなかった。これで一二人の使徒でみずがめ座流星群を撮るという一番の目的はついえた。そして二〇〇〇年のアイスランドのしし座流星群から始めた海外流星撮影の連続記録も同時にストップした。実はみずがめ座流星群は一五年前、ニュージーランドのクック山麓でもチャレンジしていた。そのときも連日の悪天に悩まされ、かろうじて一個撮れただけだった。流星はもちろん他の自然現象との出会いも、人との出会い同様「縁」と思っている。今回も縁がなかっただけと受け入れたい。

朝食を取りに外に出ると雨が降っている。今日七日はメルボルンに戻るが雨の中のドライブになりそうだ。チェックアウトのときダイアンにも天候のいい時期を聞いたが、こちらが夏のときのようだ。しかしこの雨が思わぬサプライズをもたらしてくれることになる。一時間位走ると海上に虹が出現したのだ。思わず車を停め撮影する。最近虹は日本でもほとんど見なかったので、

南氷洋にかかる虹

感激もひとしおだ。一時間以上も消失を繰り返し、時にはダブル（二重虹）になったりもする。グレートオーシャンならぬグレートレインボーロードとでも呼びたいくらいだ。夕方メルボルン国際空港近くのホテルにチェックインする。

最後に素敵な自然からのプレゼントをもらったが、反省点も出てくる。これほど雨が降り天気変化が激しく虹が出やすいのなら、何故「月光虹」をねらわなかったのかと。月光虹はイエローストーンの項でも出てくるが、蒸気による白虹だ。こちらのは通常の七色虹の月光バージョンだ。月光虹はハワイのが有名だが、ここでも出ていると思う。あまりにもみずがめ座流星群に意識を集中しすぎたために、他が見えなくなってしまったのだ。そんなことを教訓と思いつつ、翌早朝ケアンズ経由で成田への帰路につく。

四章——幻の流星群を追え！

魅惑の湖にぎょしゃ座からの贈り物

アメリカ・クレーターレイク

【幻の流星・ぎょしゃ座流星群】

本書にもたびたび出てくるペルセウス座流星群やしし座流星群は、その母天体である彗星の公転周期がそれぞれ一三〇、三三年と太陽系の規模からすると比較的短い。そしてペルセウス座流星群ではもう何回も周回し、太陽に接近しているため母彗星の軌道上にはまんべんなく流星のもととなる塵（ダスト）が広がっている。そのため地球が母彗星の軌道と交差する毎年決まった日に流星群として観測される。しし座流星群の場合は母彗星がまだ若いので、まとまった出現は約三三年おきとなる。

二〇〇七年九月一日二〇時（日本時）頃、キース彗星を母天体とする、ぎょしゃ座流星群出現の予報が出された。この流星群は普段はほとんど観測されないが、過去百年間に三度まとまった出現が観測されている。そのため「幻の流星群」といわれていた。キース彗星は公転周期が二千年と大変長い。つまり太陽系の果てのオールトの雲と呼ばれる場所からやってくる。こんなに遠くからやってくる天体の物質の特性は謎に包まれている。このことが流星として観測されるとき一体どんな輝きや色彩となるのか、非常に興味深いわけだ。

また出現数もどうなるか。もしかしたら一時間に数百個という流星雨の可能性もある。これは何が何でもこの目で観測しなければならない。しかし日本ではその時間ぎょしゃ座はまだ地平線の下なので観測はできない。最も条件がいいのはアメリカ西海岸。そこでこの流星群を撮影すべくアメリカ西海岸へ遠征することを決める。中国・パミール高原から三年ぶりの海外遠征だ。

さてそうなると観測地の選定だ。先ず思い浮かんだのがシアトル近郊のレーニア山。標高が四〇〇〇メートルを超え、氷河をまとった山容も美しい。地元ではタコマ富士とも呼ばれている。一度はここに決めていた。しかし某ガイドブックを見ていたらどうしても気になる場所があった。その場所はクレーターレイクといい、懸崖に囲まれた美しい湖の写真があった。レーニア山とどちらにしようか迷ったが、雪山と流星の写真は他でも撮れる。青く美しい湖の誘惑にどうしても勝てず、クレーターレイクに決めた。

【透明度世界一・クレーターレイク】

本書に登場する絶景地は有名な場所もあるが、この湖を知っている人はほとんどいないと思う。オレゴン州にあり、北緯四三度、サンフランシスコとシアトルのほぼ中間に位置している。西海岸ではヨセミテ、あるいはグランドキャニオンがあまりにも知名度が高いため日本ではまだ知られていない。しかし全米では有名な観光地で国立公園にも指定されている。

その特徴を一言でいえばまさに「アメリカの摩周湖」という表現がぴったりだ。つまり火山の山頂にできた美しいカルデラ湖だ。湖面は海抜一八〇〇メートル、最大水深五九二メートルは全米一位、世界でも七位。摩周湖はかつて透明度四一・六メートルを記録し世界一だった。しかし近年著しく低下し現在は二〇メートル前後だという。クレーターレイクは一九九七年に四三・三メートルを記録したので現在でもそれほど変わらないだろう。まさに世界一美しい湖といえる。

しかしこの湖の真価は透明度だけではない。景観もさることながら一度見たら決して忘れられない強烈な青色にある。まるで青いインクを垂らした、と形容したい色だが湖岸に近いところからターコイズ、コバルト、サファイアブルーと変化していくその色あいの美しさはとうてい言葉では表現できない。また天候、さざ波などにより微妙にグラデーションが変わり、一日中見ていても飽きない。摩周湖にカムイワッカという小さな島があるが、ここにもウィザードという島がある。

【初日は雹と雷雨の洗礼】

八月三〇日、成田からユナイテッド航空でサンフランシスコに向かう。到着後国内線でオレゴン州・メッドフォードへ。サンフランシスコから一時間四五分ほどで着く。同日の正午、メッドフォード空港に降り立った最初の印象は暑い！ということ。三〇度はあるだろう。さっそくレンタカーで国道六二号をクレーターレイクへ向かう。湖まで八〇マイル、二時間ほどだ。念のため信号待ちのとき、通行人に「クレーターレイクはこの方向でいいですね」と確認する。

一時間半で国立公園入り口のゲートに到着。国立公園なので一〇ドルの入園料を払う。その後

宿泊したキャビン。周囲を高い針葉樹で囲まれ北極圏のようだ

今日、明日泊まるレイクのすぐ麓のマザマビレッジというキャンプ場内のログキャビンにチェックインする。本当は湖を望むクレーターレイクロッジにしたかったが大変人気があり、半年以上前でないと予約がとれないとのこと。このことからも全米屈指の人気観光地だとわかる。

マザマビレッジにはガソリンスタンド、食料・雑貨店もある。周囲に高い針葉樹があり、まるでアラスカやカナダの北極圏のようだ。一棟四部屋のキャビンのルームはバス、トイレは付いているがキッチンはない。せいぜい湯沸しポットくらいだ。したがって食料はビレッジの管理棟隣のストアでパンやソーセージ等を調達するか、国立公園入口近くのレストラン、もしくはクレーターレイクロッジのレストランになる。

チエックインしてしばらくすると雹が降ってきて驚いた

さっそくクレーターレイクへ行くことにする。二〇分ほど登るとマザマ山のリムに出る。そして神秘的ともいえる湖面が見えた！　本当に濃紺色だ。青空よりもはるかに青い。この湖面の色は限りなく澄んだ水と五〇〇メートルを超える水深によるものだ。まさに自然の成せるマジックといえる。シノット展望台でしばし撮影する。

しばらくは暑い晴天だったが、マザマビレッジに降りてから雲行きが怪しくなってきた。キャビンの中にいると激しい音がしてきたではないか。外に出てみると驚いた。豪雨ならぬ豪雹（ひょう）となっているではないか！　地面は雹で真っ白だ。そのうち雨にかわり、もうバケツをひっくり返したかのように降っている。しかも雷まで鳴り出してきた。

初日の夜、雷雲は遠方に行ったが地平線近くでまだ稲光が光っていた

夜になると雨は止み、雲はあるものの星も見えている。明日がぎょしゃ座流星群の極大日なので夜の下見に湖を望む地点に行こうと思ったが、再び曇りだし、しかも雷雨となってきた。しかし時折木の上を稲妻が走る様は物凄い迫力で、雷の写真にはうってつけだと思った。ただ実際は雨がひどく、とてもカメラを出せる状況ではない。

でもこうなったら雷の写真も撮りたいので、雨が弱くなったのを見計らいリムビレッジに行く。雷は大分遠方に行ったが北東でまだ光っていた。

オレゴンのこのあたりは日中暑いが、寒気が入り急激に温度が下がることから雹や雷雨がままあるのだろう。事実みやげ屋のＤＶＤにもみごとな雷の写真があった。

【幽霊船・ファントムシップ】

翌三一日は朝から晴れてきてこれ以上はないという快晴になった。さすが手付かずの自然が残るオレゴン州、ただでさえきれいな空気を前日の雨がさらに洗い、目にまぶしいほどの青空だ。再びレイクに向かう。今日は少しトレッキングコースを歩いてみる。湖を取り囲んでいる外輪山のコースなのだが、崖のところは一本のロープが張ってあるだけで落ちたら湖まで一直線だ。自己責任の国という面がよくわかる。それにしても時折樹間から見える湖面は昨日にも増して青い。

日本でも美しい湖沼として北海道のオンネトー、裏磐梯の五色沼、志賀高原の大沼池などがある。しかしこのクレーターレイクの濃紺の青は到底真似できない。最近北海道で川がダムに堰き止められ、そこへ温泉の成分が流れ込み美しい青色の池が出現し、ちょっとした話題となっている。しかしクレーターレイクを見ずして湖沼の美しさを語るなかれ、といったところだろうか。

実はこの翌年の一一月、都内某ギャラリーでアメリカの写真家が写真展を開催していた。偶然にもオレゴン出身だったので「クレーターレイク、いいですね」と言ったら彼は「いや、ロシアのバイカル湖もいいよ」と。ちょっと意外だったが謙遜しているのだろうか。ちなみにまたまた偶然だが、その写真展の案内ハガキの写真は何と一週間後に行くエジプトの白砂漠だった。

トレッキングを終え昼食を取りしばらく休憩後、今度は湖の外周を一周する道路を反時計回り

暮れなずむ湖面に影を落とす幽霊船、ファントムシップ。シルエットが不気味

に進む。道路は各地点に展望ポイントがあり、様々なアングルから湖を見ることができる。そのなかの一つ、ファントムシップ展望台へ行く。ここからは文字通り幽霊船のような岩の小島が眺められる。もうそろそろ陽が沈む。暮れなずむ湖面に影を落とすその姿は不気味だが、非常に印象深い。今回は日程に余裕がなく、湖上遊覧を割愛したのは残念だった。あの湖面を間近に見て手を触れてみたかった。

【最高条件の中、ぎょしゃ座流星群見参！】

天気は相変わらず快晴だ。今夜の撮影はもう間違いない。あとはぎょしゃ座流星群が果たして出現するかどうかだ。「未知の流星群」、「色鮮やかな明るい流星が多い」、もう何十回と流星を撮影している私にとっても大変魅力的な

キャビン前で。月齢19の月が地平線から出ているはずだが素晴らしい星空だ

キャッチフレーズだ。やがて夜の帳がおりると満天の星空となった。オレゴンで初めて見るパーフェクトな星空は近くに街がないせいか素晴らしい輝きだ。月齢一九の月が地平線から顔を出しているはずだが、天の川の輝きは全く失っていない。同宿のアメリカ人も見とれていたほどだ。

さて現地の極大時刻だが夏時間を採用している。したがって通常なら日本と時差は一七時間だが、一時間早く一六時間となる。日本で九月一日二〇時二〇分頃なので、同日の四時頃となる。放射点（ぎょしゃ座）も五〇度以上あり条件としては申し分ない。撮影は午前三時頃からと決めていたが、キャビンの窓から外を見ていたら午前一時すぎ、ぎょしゃ座流星群と思われるマイナス二等ほどの流星がこぐま座の下を横切った。これで間違いなく出るという確信を得た。

午前三時半より本格的に撮影を始める。場所はリムビレッジのシノット展望台。二台のカメラで湖の左右をそれぞれフレーミングし、パノラマ写真のようにする。もう一台は樹木に向ける。しばらくはそれらしい流星は出なかったがついに三時四六分、北にマイナス二等のぎょしゃ座流星群の流星が飛来！　いよいよ活動が始まった。東にも西にも明るい流星が飛んでいる。夢でも幻でもない。今眼前に展開している光景は、この地球上で最も美しい湖に、はるか太陽系の彼方より二千年の時空を越えてやって来たキース彗星の落とし子たちが降り注いでいるのだ。

ふたご座流星群によくある連発流星も流れている。高速で痕を引きながら飛び、しし座流星群にも似ている。色はそれほど鮮やかというほどではないが、取り損じたものにオレンジ色に輝く火球（木星以上に明るい流星）があった。終わってみれば正味一時間半の撮影時間、カメラ三台で二〇個余りものぎょしゃ座流星群の流星をゲットしていた。本当に活発な時間は一時間程度だと思うが一分間に四個写ったコマもあった。これは現在年間最大の流星群であるふたご座流星群と同等かそれ以上のレベルだ。明け方スコット山の頭上に輝く金星がひときわ美しかった。観測後の至福のときだ。

今回はたった一日の違いで幸運を得た。前日が極大日だったら完全にアウトだった。いつも思うのだが地球の素晴らしい場所で貴重な天文現象に立ち会え、かつそれを記録できることはまさ

オリオン座を流れるぎょしゃ座流星群の火球

に撮影者冥利に尽きる。そしてこのときの撮影が契機となり、この本のテーマでもある地球の絶景とその頭上に輝く流星、星空を撮影していこう、との決意をより強くしたのだった。

そして海外でレンタカーを利用したのも今回が初めてだった。連日の徹夜撮影による疲労、左ハンドル等日本とは異なる仕様の車、慣れない交通ルール。撮影以外のことでなるべく神経を使いたくない、ということで自分で運転することは躊躇していた。

しかし何が何でもクレーターレイクでぎょしゃ座流星群の写真を撮る、という強い思いが今までの不安という殻を破ることができた。一歩踏み出す勇気が可能性を大きく広げ、これ以降アメリカやオーストラリアでの撮影にレンタカーは欠かせないものとなった。

五章——オーロラと流星群の競演

火の国で実現・オーロラと流星群の競演

アイスランド・ゲイシール他

【オーロラと流星を一緒に撮りたい！】

オーロラは数ある自然現象の中で最も美しいものといわれる。私が初めてそれを見たのは一九九〇年三月、フィンランドだった。しかし連日悪天に阻まれ、晴れてもほんの一〇分程度しか見えなかった。翌年の九月、今度はアラスカへ行きそこで初めてオーロラのブレイクアップ現象というのを体験した。天頂から光のカーテンが降りてきて、そのカーテンが今度は竜がのたうつように大空を暴れまくる。その光景は美しいというよりも恐ろしささえ感じるほどだった。当時は山岳写真に力を注いでいたのだが、オーロラとの出会いが夜の山岳の世界へ目を向かわせるキッカケともなった。

そして一九九三年夏、ペルセウス座流星群が歴史的な出現を見せるだろうとのマスコミの報道。当然山岳に流星をあしらった写真を撮ろうと北アルプスへ向かった。結果は例年とほぼ変わらぬ程度の出現だったが、これ以降流星の魅力にとりつかれてしまう。そして四季折々いろいろなシチュエーションの流星写真に挑戦する。当然オーロラとの同時撮影というシーンも考える。しかしこれまでの体験から、オーロラは長くても四〇分位しか出ていない。そしてなおかつオーロラの近くに見栄えのする流星が飛ぶ、というのは至難の技だと思っていた。そういうわけで、しばらくはチャレンジすることもなかった。

しかし、イギリスの天文学者デビッド‐アッシャー氏が流星群の出現予報にダストトレイル

（塵の集団）理論を導入した手法を展開する。それにより二〇〇〇年一一月一八日一二時四四分と一六時五一分（日本時）に、しし座流星群のダストトレイルが地球と次々に接近する予報が出された。しかもその数も一時間あたり百個を超える規模だ。そしてアイスランドならそれぞれ同日の午前三時、七時となる。朝七時といっても極北はまだぎりぎり暗い。したがって両方の時間観測可能であり、しかもオーロラと同時に撮影できる可能性もある。こうしてアイスランド遠征を決めたのだった。

【オーロラ、星見に最適な国】

アイスランドはイギリスの北西に位置する島国で、面積は北海道と九州を合わせたほど。その特徴を一言でいえば「火山と氷河の国」。九世紀ノルウェーのバイキングが発見し、その後スコットランドやアイルランド系も移住。言語はアイスランド語でノルウェー語に近い。英語もよく通じる。首都レイキャビクは人口一二万ほど。暖房は地熱を利用していることから大気汚染も少ない。およそ極北の辺境地というイメージはなく、大変クリーンで健康的な明るい街だ。通貨はアイスランドクローネ（一クローネは二〇〇九年時点で約〇・七円）。日本から直行便はなくコペンハーゲン乗継となる。

気候はその名前から大変寒いというイメージを持たれるかも知れない。しかしメキシコ暖流が流れているため、冬でも最低マイナス五度程度と比較的暖かい。これは同時期カナダやアラスカ、フィンランドではマイナス二〇度を下回ることから防寒面で非常に助かる。オーロラは全域で観測できる。また地質学的にも興味深い場所がたくさんある。ヨーロッパ最大といわれるバトナ氷河、渡り鳥の楽園・ミーバトン湖、火山も多く間欠泉や温泉もある。またアポロ宇宙飛行士が訓練をしたという、地球で最も月面に近い地形や地球の割れ目・ギャウといわれる場所もある。滝も多く、また海部へ行けば優れた海洋景観もある。

このことから月光を利用すれば実に多種多様なオーロラ写真を撮ることができる。北米やフィンランドでは針葉樹の上に輝くというパターンがほとんどだ。にもかかわらずオーロラ観測地としてはそれほどメジャーではない。これはやはり情報量が少ないのと遠い国との印象が強いのだろうか。また全人口は三〇万少々。当然街部を離れれば都市光の影響などあるはずがなく、星空そのものも素晴らしい。厳寒でなく国中に景勝地があることから、これらをいかしたオーロラツアーがもっとあってもいいと思う。

【予想通りしし座流星群出現】

一一月一六日成田よりスカンジナビア航空でコペンハーゲンへ。さらにアイスランド航空で約三時間のフライトでレイキャビクのケフラビック国際空港へ向かう。このときはアラスカに過去何度か同行している友人のK氏と行く。空港に降り立ったのは同日の二二時過ぎ。今晩から三日間泊まるブルーラグーンホテルの人が出迎えてくれた。彼女は「今日が初雪です」と言う。ちょっと天候が心配だ。ホテルに着くまでの道はオレンジ色のナトリウム灯がある。ホテルに着くが空は曇っている。ブルーラグーンは温泉もあり、ホテルの前からでも観測は可能。ホテルには日本からやはりしし座流星群観測の人達が何人か来ている。そのうちの一人が、一〇月に富士山で朝撮影した見事なグリーンフラッシュの写真を見せてくれた。

空は相変わらず曇っているが、とりあえず様子を見る。K氏は脈がないとみるやすぐに部屋へ戻る。その後自分も部屋へ戻るがちょっとしたハプニングが起こる。K氏は私がずっと朝まで外で観測していると思い、部屋の鍵をかけて寝てしまったのだ。私は大声で「Kさん、ドアを開けて！」と何回か叫ぶ。これには他の部屋の客も驚いてドアを開けて出てきてしまい、大変罰の悪い思いをしてしまう。

翌朝起きても曇っている。しかし昼からだんだん晴れだし夕方には快晴となる。夕食を終えて部屋にいると、「オーロラらしきものが出ている！」との声。K氏と急いで外に出るがほとんど消えていた。しかし今夜がしし座流星群出現の日だ。期待が高まってくる。観測はホテルから少し離れた場所で翌日の午前〇時頃より始める。しかし北の方から雲が出てきてしまう。まだ流星は見ない。

ブルーラグーン。流れる雲としし座流星群

一旦ホテルに戻るが一時過ぎ、外で観測している日本人に「どうです、しし座流星群出ましたか」と聞くと「ええ、いくつか見ましたよ」との答え。午前二時に撮影を再開する。すると見覚えのある速度の早い流星が飛んでいるではないか。いよいよ最初の活動に入ったようだ。そのまま活動は続くが、四時を過ぎると下火になり撮影を中断する。私もK氏も数はカウントしてないので観測している人に聞くと、三〇分で二〇個ほど見たという。全天の半分位雲があることと、高緯度なのでしし座が低いことを考えればなかなかの活動ぶりだ。ただ火球（木星以上に明るい流星）は二個しか見なかった。しかしエメラルドグリーンの輝きが非常に美しい。

午前六時半より撮影を再開する。このころに

ブルーラグーン。最終日に現れたオーロラ

なるとしし座もかなり高く、次の出現は相当出ると思っていた。案の定、七時台は南に飛び北を向くとまた飛ぶという流星の豆まき現象（瞬間的に流星が何発か出ること）も見られる。ただ最初の活動同様、明るい流星は少ない。しかしいずれにしてもアッシャー氏の予報は確認できた。これで翌年いよいよ日本で大出現の期待が高まる（実際日本で素晴らしい流星雨となる）。

ところで肝心のオーロラだが残念ながら姿を現してくれなかった。やはりなかなか思い通りにいかないものだ。翌日は最後の夜だが、北に虹のようなオーロラが何と四時間も出ているではないか。東の方に昇りくるふたご座を見て、この日が一二月一三日（ふたご座流星群の日）だったらと思う。しかしこれを機に、流星とオーロラの競演（両者を同時に撮ること）への確かな手応えをつかむ。

【ふたご座流星群でリベンジ】

翌二〇〇一年一一月、予想通りしし座流星群が日本の空で一時間あたり千個を超える歴史的大出現となった。さらにその五日後には何と群馬県でオーロラを撮影。この年はまさに一生に一度級のミラクルショットを次々とゲットできた。その勢いを今度はふたご座流星群でオーロラとの同時ショットを得るべく、再びアイスランドの地へ向かう。同行者は友人のM氏。小学校の幼なじみだったが、彼が転校して音信不通となる。しかし奇遇にも二〇数年後再開し、お互い天文にはまっていることを知る。

一二月九日、成田よりコペンハーゲンへ。さらにアイスランド航空でケフラビック空港へ到着。向かう先は昨年と同じホテル・ブルーラグーン。ブルーラグーンのあるレイキャネス半島は溶岩台地で荒涼とした景観だ。この日は曇っており、夕食を済ませ早々と寝る。

翌日から今回の観測地であるゲイシールで四泊する。ゲイシールというのは間欠泉のこと。英語でガイザーというがこのゲイシールが語源だ。間欠泉で有名なのは本書にもあるイエローストーンのものだ。ゲイシールへはレイキャビク・エクステーション社の定期観光バスを利用する。これはレイキャビクの近郊であるシンクベトリル、グトルフォス滝、そしてこのゲイシールを一日で観光するもので、俗に「ゴールデンサークルツアー」と呼ばれ大変人気がある。朝食後ホテルの前のバス停からバスに乗る。レイキャビク市内に行きそこから何人か乗車する。

三〇分もするとレイキャビク郊外で、小さな湖と低いが雪山もありなかなか景色が良い。このあたりでもオーロラ撮影にはいいだろう。やがて教会を遠くに望む丘のような場所で休憩する。その後レストランで昼食を取りゲイシールを過ぎ、ゴールデンサークルツアー最奥のグトルフォスへ。到着すると遊歩道があり滝の側まで行く。幅七〇、落差三〇メートルの豪快な滝で、名前のとおり夕日が当たると黄金に輝くという。だが今日も天気は曇りだ。ここから宿泊地のゲイシールへは近い。

ゲイシールに着きホテルゲイシールにチェックインする。しかし実際に宿泊するのは近くに何棟もあるバンガロータイプのコテージだ。バス、トイレ、キッチンも付いている。滞在中食事はホテルのレストランで取った。この日も夜は晴れない。翌一一日も曇り。とりあえずゲイシールを観光する。ここの間欠泉はかつて七〇メートルも吹き上がっていたが、今は活動を休止してしまった。かわりにストロックルと呼ばれるものが約五分おきに三〇メートル吹き上がり見ごたえ十分だ。この間欠泉にオーロラをあしらえば、さぞ素晴らしい写真が撮れるだろう。しかし今回は月明かりがないので間欠泉のイメージが出ない。遊歩道を歩くと温泉池もある。この日も曇ったままだ。

ゲイシール。温泉池から朝日が昇り、蒸気を黄色く染める

翌一二日も相変わらずべた曇りで、南から湿った風が吹く。M氏が「メキシコ暖流のすごさを思い知らされるね」とあきれ気味に言う。さらに「アイスランドって島の中央に山があるよね。日本と似ているからもしかすると島の北部は天気がいいかも」と。そう、ここは島の南側なのだ。しかしいまさらどうしようもない。今夜晴れればふたご座流星群はもうかなり見られるのだが。結局この夜も晴れることはなかった。

【開演！オーロラ、流星競演劇場】

しかし奇跡が起こる。翌一三日の朝、東の空が明るくなり雲が切れてくるではないか！　そのまま快晴となり、喜びいさんで日の出と朝日に染まる間欠泉を撮る。今回のアイスランド

ゲイシール。22時過ぎよりふたご座流星群が活発になり、西空に流れた

遠征で初めて見る太陽だ。久しぶりに見る太陽は実に低い。今夜の撮影はもう間違いないだろう。それにしても最後の最後、ふたご座流星群の極大日（流星が最も出る日）に晴れてくれるとは。

夕食を終える頃は満天の星空だ。人工光のない星空はすさまじいほどの輝きだ。M氏が上の方を指差して「あれって雲なの」と言う。私が「いや、あれはくちょう座の天の川じゃない」と答える。そうなのだ、本当に雲と見間違うほど天の川が白く輝いているのだ。緯度が高いので北極星が実に高い。

二〇時過ぎに撮影を始める。まだふたご座が低く流星数が少ないが、二二時頃から様子ががらりと変わってくる。ふたご座流星群特有の連発流星が出てくるようになったのだ。そして明

オーロラがクライマックスのとき。このようなときに大流星がきてほしいものだが

るい流星も増えてきた。それはもう流星雨に近い状態といってもいいほどだ。そして二三時過ぎ、ついに北東の空に待望のオーロラが出現！　これよりまさに流星群とオーロラ、夢にまで見た宇宙劇場の開演となる。流星はなおも増え続け、オーロラのカーテンの中を舞う。後日現像してみると、一分間の露光時間で二個写ったコマもいくつかあり活況ぶりがわかる。

オーロラが光を弱めた翌日の午前一時頃、ふたご座流星群が強烈な自己アピールだ。オーロラの光に負けじ、といわんばかりにサファイアブルーに輝く特大の火球（木星以上に明るい流星）を飛ばしたのだ。だったらオーロラが旬のときに来てほしかった。

結局二〇時から翌日午前三時までに流星は四八個撮影できたが、何と全てオーロラとツーショットであった。これは肉眼ではわからなかったが二〇時台からすでにオーロラは出ていて、翌午前一時以降も完全には消えていなかったということだ。ふたご座流星群の流星は四五個。これは、一九九六年の日本で大出現（一時間あたり一五〇個）したときの六一個より少ない。しかし今回は、オーロラが出ていた北を中心とした一八〇度しか空をカバーしておらず、また高緯度による放射点（ふたご座）の低さを考慮すれば、九六年を間違いなくしのいでいた（実際日本での観測結果でも、最大一時間あたり一九〇個を記録していた）。しし座流星群が通常レベルの活動に戻れば、ふたご座流星群こそ年間最大の流星群だ。

【地球の割れ目・ギャウ】

オーロラ、流星競演の余韻に浸るも翌日はまた曇りに戻ってしまう。今日は再びゴールデンサークルツアーの観光バスでレイキャビクに戻るが、往きでよらなかったシンクベトリル国立公園を観光する。朝食後バスに乗る。シンクベトリルはゲイシールから直線で七〇キロ程度の距離だ。ここで地球の割れ目といわれるギャウを見ることができる。アイスランドは北米プレートとユーラシアプレートの境目にある。したがってこの境目が大地の割れ目となっているわけだ。このようなものをじかに見られるアイスランドは、まさに驚異の地といえる。ここは二〇〇四年、世界遺産に登録された。

シンクベトリルに到着する。遊歩道があり岩の割れ目の溝へ降りていく。同じバスに乗車していたインド人の一行の女性が「オーロラは見えたの?」と聞く。M氏が「うん、四日のうち一日だけね」と答える。今日がブルーラグーンで最後の夜だが、この調子だと無理だろう。まもなく岩壁の真下まで来る。道の左右に岩壁が続いており、地球の割れ目というのを実感する。ここでは九世紀、世界初の民主議会が行われた。声が岩壁に反射しよく通るからだという。

シンクベトリルを後にレイキャビクへ。さらに定期バスでブルーラグーンへ戻る。最後の夜は晴れず。結局アイスランド滞在六夜で晴れたのはふたご座流星群極大の一夜のみ。アイスランドはオーロラ観測に最適と述べたが、日程は余裕があった方がいいだろう。翌朝ホテルの係員にケフラビック空港に送迎してもらい、別れ際握手をし帰路につく。

ちょうどこの原稿を書き終えたまさにその日の夜、アイスランドで火山が噴火し氷河が溶けて洪水となり五百人が非難、とのニュースをTVで見た。改めて地球は生きている、との実感をする次第だ。

最初、オーロラと流星を同時に撮影することは雲をつかむようなもの、と思いなかなか実行とまでいかなかった。しかし実際に撮影をしてみると(もちろん条件に恵まれたというのもあるが)、案外撮れてしまうものだ、とも思う。撮る前から思いをめぐらせすぎるといつまでたっても進まない。あれこれ考えるよりも先ず現場へ行ってみることだと思う。

真夏の極北でオーロラと流星群を追う

カナダ・イエローナイフ他

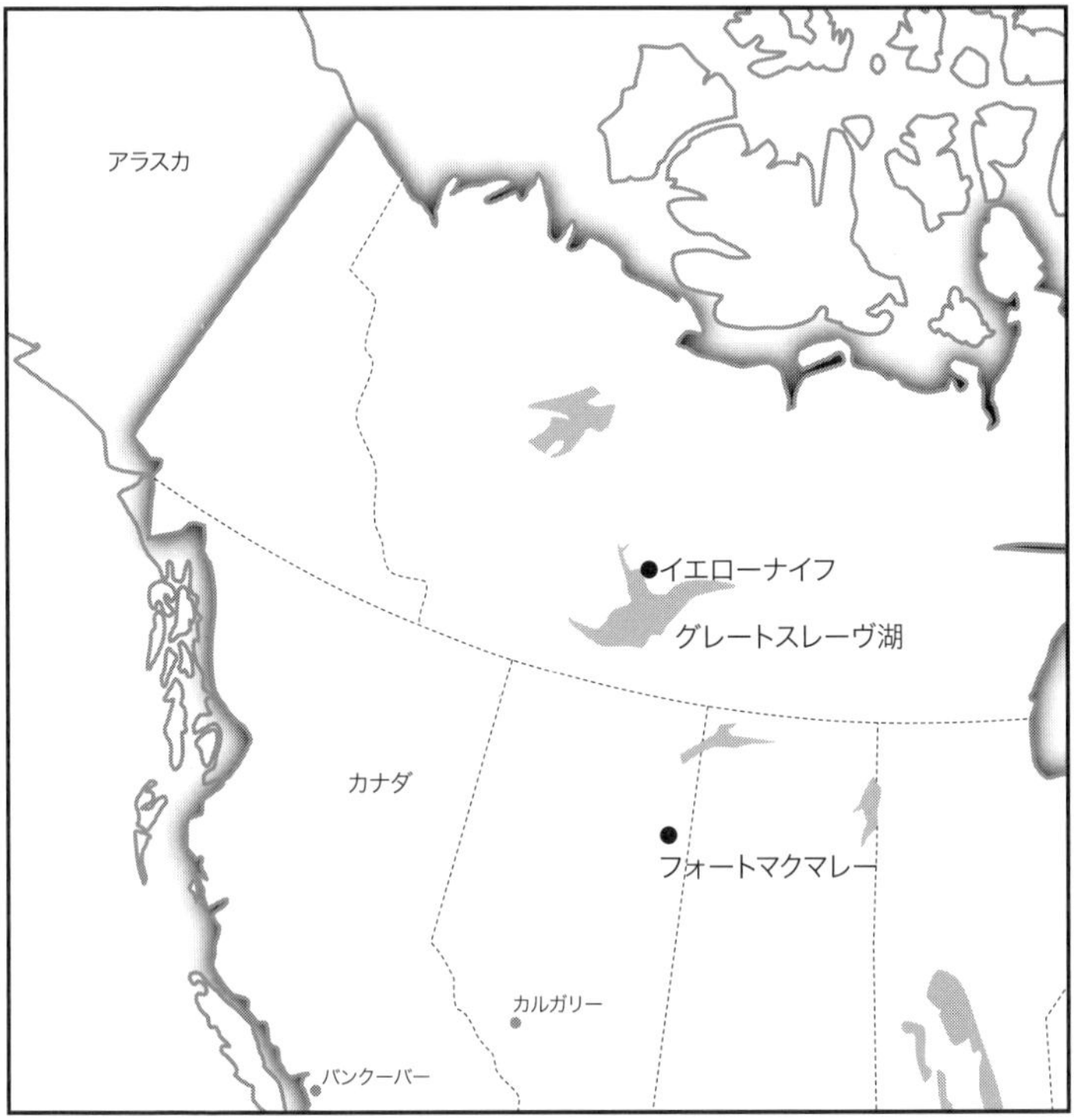

【常識への挑戦】

前年（二〇〇〇年）の一一月、アイスランドで初めてオーロラを意識しながら流星を撮影したが満足な結果にはならなかった。しかしオーロラは四時間も出ており、大流星群とかちあえば同時撮影は決して不可能ではないと感じた。大流星群といって思い浮かぶのは、先ず一月初旬に活動するしぶんぎ座流星群。しかしこの流星群は当たり外れが大きいのと明るく見栄えのする流星が少ないので食指が動かなかった。そして一二月のふたご座流星群。数も多く一晩中出現するこの流星群が最も適すると思っていた。（実際前項でこの流星群との競演のことは述べている）

しかしもう一つ、どうしても気になる流星群があった。夏の流星群の王者で本書でも何度か登場しているペルセウス座流星群だ。数も多く明るい流星の比率も高いこの流星群でできるのならいうことないと思っていた。しかし夏の極北は白夜で、星やオーロラは当然見えるはずがないと信じていた。自分の周りにいる天文の関係者のだれもが「夏の八月にオーロラなんて見えるわけないよ」と言う。もはやこれは確たる常識となっていたのだ。

だが六月に大手旅行会社、ＪＴＢのパンフレットに「夏のオーロラ・カナダ」というのがあった。日程を見ると八月一五日から催行となっているではないか。一五日ということはペルセウス座流星群の極大日のわずか三日後だ。それに「見えないよ」と言う人だって実際に行って確かめたわけではない。ここはだめもとでもやってみる価値は十分あると思った。さらにペルセウス座流星群はここ三年、悪天候で撮影できなかった。不安定な日本の夏の天候では今年も駄目かもしれない、という思いも加わりカナダ遠征を決断したのだった。

さて、そうと決めたら旅行会社選びだ。ＪＴＢは一五日からなのでペルセウス座流星群には間に合わない。そこでカナダ専門の旅行会社を当たってみるが、ちょうどお盆休みの時で日本―バンクーバーの飛行機が取れず、ことごとく門前払いとなってしまう。しかし、プレイガイドツアーという会社が「行きならＯＫ、帰りはキャンセル待ちを入れてはどうですか」ということでここに決める。一週間ほどで「帰りも取れた」との返事。日程は八月一〇日からの七泊九日である。

【出てるじゃないか！】

二〇〇一年八月一〇日夕刻、成田からバンクーバーへ。到着するも入国審査で二時間もかかってしまう。その後エドモントンへ。さらに冬のオーロラ観測で名高いイエローナイフへ向かうが、定刻を一時間以上も過ぎてしまう。イエローナイフへ近づくにつれ、機窓から外を見ると地平線は薄明るいが、星も見えている。下には下弦の月に照らされた湖面が光っている。天気はいいようだ。期待感でワクワクしてくる。イエローナイフへ着いたのは翌日の午前〇時を回っていた。

空港を出るとツアーガイドが迎えに来ていた。日本人のスタッフで彼女は「これからホテルへ行きます。ホテルで少しツアーについての説明をします。その後オーロラを観賞しに行きます」

初日、下弦の月とオーロラが重なり美しい姿を見せてくれた

と言う。今日から七泊するホテル、シャトーノバでチェックイン後簡単に説明を受ける。「オーロラツアーは二二時に出発し、翌午前三時までに戻ります。但し二時半まで出なかったら一時間延長します」と。さっそく観測地に向かう。小型バスだが乗車しているのは私一人だけだ。

四〇分ほどで到着。観測場所は針葉樹を切り開いた中に休憩用のログハウスがある。時刻は午前二時近かった。そして空を見ると、何とオーロラが出ているではないか！　それも薄くなくしっかりしたイメージで。下弦の月もあるが星も二等星まで見えている。日本の山や高原での満月時より気持ち明るいかな、という程度だ。これなら撮影も全く問題ない。樹林の中にある高台の木製の展望台で撮影を開始する。虹のようになったりカーテン状になったり、ときおり下弦の月とも重なり美しい姿形を見せてくれる。しかし残念ながら、ペルセウス座流星群は姿を見せてくれなかった。ここイエローナイフは北緯六二度、日本よりペルセウス座が高くより条件もいいのだが。明日の極大に期待する。

直前までカメラの露出がわからなかったが、日本での日の出五〇分前を目安にしていた。つまり広角レンズでF値が2・8、感度一六〇〇、露出時間一分だ。これより明るいとしても感度を四〇〇まで落とせば対処できると判断した（実際は下弦の月でF値が2・8、感度四〇〇、露出時間一分で適正だった。一分とオーロラ撮影にしては時間が長いのは流星を意識しているから）。結局オーロラは三時近くまで出ていた。いきなり初日に、しかも想像以上の結果に興奮して、ホテルへ戻ってもなかなか寝付けなかった。

【夢の光景が現実に！】

今日、一一日の夜はカナダでのペルセウス座流星群極大日だ。午前中はイエローナイフの街の南に位置する大湖、グレートスレーブ湖を望む展望台に行く。昨日と同じツアーガイドが迎えに来る。開口一番「昨日のオーロラには全く驚きました。あんなにはっきり見えると思っていませんでした」と言う。すると彼女は「一週間ほど前にもいいのが出ていましたよ」と。車に乗りまもなく湖を見下ろす岩の高台に着く。湖の周りは針葉樹が囲み北欧・フィンランドとそっくりだ。冬季は凍った湖面の上でオーロラ観測をするのだろう。

　昼食は市内の中華レストランで取る。ここのウエイトレスは中国系だが、日本語を話すことから滞在中はよく行った。午前中良かった天気も雲が出てくる。ホテルへ戻り今夜の撮影に備え少し休む。夕食はホテルのレストランで済ます。二三時ツアーガイドが迎えに来る。今夜も私一人だ。

　現地に着くも雲がまだ多い。しばらくキャビンで待機する。待機中スープや軽食のサービスがある。外に出て空を見るとだんだん天候が回復し、薄雲越しにオーロラが出ているのがわかる。そして雲の切れ間からペルセウス座流星群の火球（木星より明るい流星）をいくつか見る。もしこの夜が快晴なら、念願のオーロラと流星の競演を何枚も撮れただろう。しかしこの薄雲がオーロラと流星の競演以上の感激をもたらしてくれることになろうとは！

　翌午前一時より展望台で撮影開始。東の地平線上に月がある。この月が高度を上げてくると、思ってもみなかったものが出現する。低い月の頭上を半円形に月暈が現れたのだ。何と言う千載一遇のチャンスだろう！　実は四年前から月暈と流星も一緒に撮りたいと思っていたのだ。月を中心に据えてひたすらシャッターを切り続ける。そしてツアー終了の五分前、月暈に向かってペルセウス座流星群が飛ぶ！　写った！と手応えを感じる明るい流星だ。ついに一生に一度撮れれば、と思っていた夢のシーンがここカナダで実現した。自然の織り成す光景はまさに筋書きのないドラマだ。やがてツアーガイドの「そろそろ終わりですよ」の声に現実に引き戻される。

【連夜のオーロラショー】

一二日は雨で夕方過ぎまで降っていた。しかし夜になると晴れてきてツアーも催行。この日から日本人の客も何人か参加してくる。翌日の午前〇時二〇分より撮影を始める。一時頃から白っぽいオーロラが出てくる。後日現像してみると美しいピンク色に写っていた。この日は雨上がりということもあり、夜露が多かった。最微星（肉眼で見える最も暗い星）は三等星だった。

一三日、今日も天気が良い。この日は翌午前一時から撮影。一時半、西方に放射状に天高く伸びていく素晴らしいオーロラが出現。現像してみるとグリーン、パープルが混ざり今回撮影した中で色彩的に最も美しかった。ペルセウス座流星群も写るがあまり明るい流星ではなかった。ただオーロラと一緒に写ればいいというわけではない。この日オーロラは三時まで出ていた。

一四日、夕方一九時頃雨上がりの後二重の虹が出る。急いで部屋に戻りカメラを取りに行くが消えてしまっていた。そういえば何日か前には彩雲や幻日を見た。夏のイエローナイフは天空現象のオンパレードだ。そしてこの夜のオーロラは今回の否、今まで私が見た中で最高のものだった。ツアー客も一〇人以上いる。天気は快晴、翌日の午前〇時半より撮影。しばらくおとなしかったが一時半過ぎオーロラのブレイクアップが起こる。天頂が割れたようになり光のカーテンが降りてきたのだ！　この光景に隣にいた女の子が泣きそうになり飛び跳ねている。オーロラの魔力だろうか、もう完全に理性を失っているようだ。この夜は何と三時半まで出ていた。

一五日、この夜はツアー終了の翌日午前二時半になってもオーロラが出なかったので一時間の延長となる。そのおかげで二時半過ぎに細いオーロラが出現し、その側をはくちょう座流星群が飛ぶシーンを撮影できた。このころになると月も細くなり、天の川もうっすらと見える。

一六日、最後の夜は劇的な幕切れとなった。なかなか出なかったが翌日午前二時半近く、突如ブレイクアップした。一四日に次ぐ見事なものだった。この日はアングルを変えるためツアーの一団と離れていたのだが、この光景に遠くから拍手が鳴り響いた。また実物は見られなかったが大火球（非常に明るく長い流星）が雲を串刺しにするという、珍しいシーンも捉えられた。結局イエローナイフ滞在中全てオーロラを観測することができた。

【夏のオーロラはおすすめ】

「夏にオーロラ観測はできない」は全くの迷信にすぎなかった。それどころか冬よりもいいのではないだろうか。いうまでもなく厳寒から開放されるので体への負担は少ないし、カメラのバッテリーの心配もない。ただ昼間は二〇度位あるが夜は一〇度まで下がるので、Tシャツ一枚でオーロラ観測というわけにはいかないが。撮影は八月中旬で午前〇時半位から三時近くなので、時間的にも楽だ。しかもカナダの場合、その時間帯にオーロラが出やすい。写真でも月の影響がなければ薄明の影響でバックの星空の色が紫がかり、冬とは微妙に異なる。またファイヤー

オーロラの中を流れるペルセウス座流星群の火球

ウイードという日本でいう、やなぎらんの花を見た。このピンク色の花を前景に撮影したら面白いだろう。花園の上に輝くオーロラ、こんなシーンだれが想像できるだろう。夏のオーロラはいままでのオーロラ写真の概念を覆す。天候も内陸性の高気圧に支配され晴天率はいい。

難点は航空運賃が高いこと。今回の旅行代金は四〇万円を超えてしまった。ただ、お盆と重なるペルセウス座流星群の時期を外し八月中旬以降であれば下がるだろう。その他注意する点は、蚊が多いので防虫スプレーは必携だ。

【今度は湖面の競演に挑戦】

昨夏イエローナイフで観測地に行く途中、湖があることがわかっていた。湖といってもポンド、まあ沼の立派なものだが。日本に帰宅したときからすでに来年の夏はこの湖畔で撮影しようと決めていた。その目的は湖面でのオーロラとペルセウス座流星群の競演だ。つまりオーロラが湖面に映りさらに同時に流星も映る、というシーン。オーロラだけなら比較的容易だが、そこへ流星もとなると至難の技だ。しかし日本で水面に映る流星はいくつも撮っていたので、全く不可能という気はしなかった。そして今回はイエローナイフの他に、最近オーロラ観測地として脚光を浴びてきたフォートマクマレーも予定に加える。

二〇〇二年八月一〇日、成田よりイエローナイフへ。今回は定刻どおり到着。まだ明るいが雨が降っている。気温が低く寒い。タクシーで今日から五泊するエクスプローラホテルへ向かう。イエローナイフでは老舗のホテルだ。深夜晴れてくるもこの夜はオーロラは出なかった。

一一日、曇っていたがだんだん回復してくる。ホテルの日本人スタッフに「昨夏のツアーで湖を見ました。今回の撮影はその湖のほとりでやりたいんです」と言うと、「わかりました。イエローナイフ近郊の地図がありますので参考にして下さい」と地図をくれる。昼食後タクシーでロケハンに行く。本当はレンタカーが便利だが撮影に神経を集中したいのと、睡眠不足と疲労から万が一の事故を考え、今回は全てタクシーを手配する。

街の郊外にはいくつか小さな湖があるがロケハンの結果、トンプウーン湖とその少し手前のプロスパレス湖に決める。前者は南方向が、後者は北方向を中心に低空まで開けている。それぞれの方向の低空に明るい流星が出れば湖面に映るはずだ。翌日の午前〇時、ホテルからタクシーを呼んでもらい今夜はトンプウーン湖畔で撮影する。湖へは三〇分ほどで到着。空を見ると美しいオーロラが薄明の中にすでに出ている。一時過ぎより撮影開始。開始後すぐに北西にペルセウス座流星群の火球が出るも、上空高過ぎて撮れない。

これ以外明るい流星も見ることなく二時四〇分に撮影終了。オーロラは三時まで出っ放しだった。後日現像してみると、湖上にペルセウス座流星群の火球が少し薄めのオーロラと写っていた。この火球がもう少し低空なら湖面に映ったはずだ。惜しかった。しかし別のコマに、本当に小さなキズのようだが美しいオーロラと左端下にかろうじて湖面にも映っていた。三時間のタクシー拘束で一四〇カナダドルだった。ツアーでは八八ドルだが観測場所が固定される。後でツアーの日本人に「タクシーなら自由度が高いメリットがありますよ」、と言ったら「何人かならむしろそれの方がいいね。次回はそうしようかな」と言う。

一二日は終日雨で、湖畔に行きしばらく待機していたが結局だめだった。今年の夏は異常気象気味だという。

一三日は晴れ。翌日の午前〇時頃タクシーを呼ぶ。三日間とも同じタクシーだ。ドライバーが「また撮りに行くの」といささかあきれ気味に笑う。考えてみれば全ての日本人はツアーを利用している。タクシーで何日も行くなんて初めてだろう。今夜はプロスパレス湖に行く。この湖は桟橋があり、その先端からは北を中心に一八〇度開けている。一時近く撮影を開始する。途中ドライバーが「タイヤを交換してくる。終わったらすぐに戻るよ」と一旦後にする。この夜もオーロラがずっと出ているが流星が今ひとつだ。しかし現像したら小さなペルセウス座流星群と、気が付かなかったがオーロラの上に青い火球（木星より明るい流星）が写っていた。二時五〇分終了。ホテルへ戻り料金を払おうとすると、ドライバーが見ていた新聞がアラビア文字だ。ヨーロッパ系ではないと思っていたが「新聞アラビア語だね」と言うと「そう、私はレバノン出身です」と。この極北の街も意外にインターナショナルだ。別れ際、彼が「いままでのお礼です」と

唯一、オーロラと流星が同時に湖面に映ったカット。映った流星はルーペで確認できた

言って女性とあざらしの置物をくれた。
イエローナイフ最後の夜となる一四日は雨となり、この日は撮影には行かなかった。

【フォートマクマレーへ】

翌一五日からフォートマクマレーで二泊する。イエローナイフより六度南のこの街はオイルサンドで知られている。イエローナイフから航路でエドモントンを径由して昼過ぎに到着。天気は雨だ。ソーリッジホテルにチェックインするが天気も悪いので一眠りする。夜になっても晴れず、イエローナイフでの二夜が素晴らしかったので無理をせず早々に休む。

一六日天候は回復してくる。さっそくホテルからタクシーを呼んでもらう。ドライバーに「北の空が開けた湖畔でオーロラを撮りたい。どこか適切な場所はないですか」と尋ねる。すると「OK」と言い出発する。最初の場所は北は開けているがちょっと樹木が邪魔だ。次に案内された場所がイメージにぴったりだった。グレゴリア湖畔のインディアンハウスの近くだ。ドライバーに「今夜ここでオーロラの写真を撮りたい。天気が良ければ数時間お願いしたい」と言うと、「OK、でもちょっと待って」とインディアンハウスに行き住人と何か話している。戻ってくると「大丈夫、そのときはまた呼んでくれ」と名刺をくれた。名前をグレゴリーさんという。おそらく私有地を通るのでそのあたりを確認してくれたのだろう。こういうときは地元の人と一緒なら安心だ。自分一人だとトラブルになる可能性もある。

夕食後外に出ると美しいトワイライトだ。そして二一時四〇分、はくちょう座、わし座、こと座の一等星から成る夏の大三角が確認できる。イエローナイフでは二三時半過ぎだった。六度南とはいえその差は結構大きい。二三時過ぎ、ホテルからタクシーを呼び昼間目星を付けた場所に向かう。車窓からもうオーロラが見えている。

到着するやすぐに撮影開始。北方向、広大な湖の上に横に長い緑色のオーロラが湖面に映えている。さらに時間が経つとカーテンのようになったりと見ていて飽きない。そして深夜になると全天を覆ってくるではないか！　このとき犬の吠える声が聞こえた。正直フォートマクマレーでこれほどのものが見られるとは思っていなかった。午前三時過ぎに撮影を切り上げるが、帰りの車窓からまだ見えている。光の強弱はあるが何と五時間近くも出ていたのだ。

ただペルセウス座流星群はもう極大から三日過ぎており、明るい流星は一個も見なかった。後日現像すると五個流星が写っており、うち三個がペルセウス座流星群だった。

今日はカナダを去る日だ。ホテルで仮眠後再びグレゴリーさんに空港まで送ってもらう。別れ際「いい写真が撮れたら送ってくれないか」と言われるが、残念ながら納得のいくオーロラと流星の競演はフォートマクマレーでは撮れなかった。エドモントンを径由しバンクーバーから成田へ向かう。

イエローナイフより６度南のフォートマクマレーでも大規模なオーロラが出現

ベーコンというイギリスの哲学者がいた。彼が唱えた四つのイドラ（偶像）の中で、劇場のイドラというのがある。思想家や学者等が唱えたことは何の疑いもなく大衆は受け入れる、というものだが「夏にオーロラは見られない」もこれに近いものだと思う。天文の専門家でさえそうとらえている人も多い。そしてそれが口こみなどで広まり（市場のイドラ）、ますます一般的に浸透し固定観念となってしまう。そうなると誰かがその殻を破らなければ永遠にそう信じられたままだ。夏のオーロラに関しても、オーロラ以外の目的で極北に来て偶然深夜目撃する、という以外なかなか認知されることはないだろう。しかし実際に撮影し十分観測できることが証明されれば徐々に広がり、やがては「夏でもオーロラ観測はできる」が常識となるだろう。

雪原の大火球、氷海に舞うオーロラ

グリーンランド・イルリサット

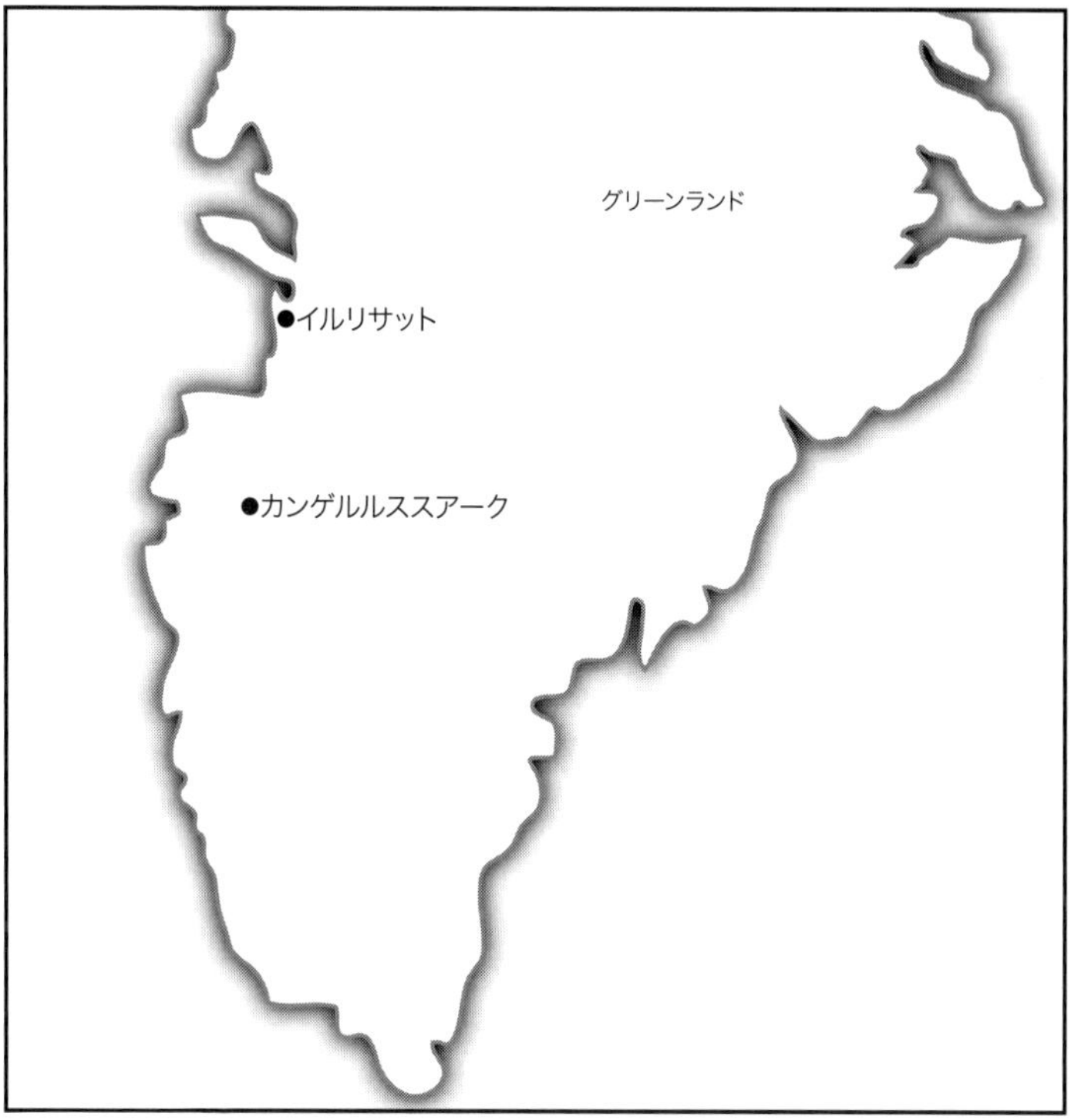

【天文のグランドスラム】

皆既日食の章でも述べるが、天文屋の夢でもある四大天文現象は一、オーロラ　二、流星雨　三、大彗星　四、皆既日食だ。一つだけでも素晴らしいが、もしこの中で二つの現象が同時に競演したとしたらどうだろう。実際過去そのようなことはあった。例えば一九九七年三月にはモンゴルで皆既日食の最中、ヘール・ボップ彗星が観測された。さらに四月にはカナダで今度はオーロラとヘール・ボップ彗星のコラボが実現した。また聞いたことはないが極北で皆既日食が起こり、光の強いオーロラが出ればこれも可能性はある。

しかし私が夢の中の夢として描いていたのはオーロラと流星雨の競演だ。もしこれが実現して観測されたならば、まさに史上最高、究極の天空ショーとなるだろう。これほどエキサイティングな天文ショーは他に考えられない。いってみれば天文のグランドスラムともいえるだろう。もちろん過去に観測例もない。

だが決して絵空事で終わらない可能性が出てきたのだ。二〇〇一年、日本でしし座流星雨の出現を見事に的中させた英国のデビッド・アッシャー博士が翌年もしし座流星雨出現の予報を出した。しかも出現規模も二〇〇一年に比べて遜色ない、一時間あたり数千個というレベル。ただ満月があるので暗い流星は見えないが、それでも壮観であるのは間違いないだろう。予報時刻は二つあり、日本時間で一一月一九日一三時近くと一九時半頃。日本からは観測できない。条件がいいのは北米からヨーロッパ、アフリカ西部。オーロラとの競演はカナダ、北欧、そしてグリーンランドで可能だ。

最後まで迷ったが各国の流星群の出現時刻とオーロラの出やすい時間帯、そして晴天率やロケーションを考慮した結果、グリーンランドで観測することに決定。そして二〇〇一年から本格的に始めたオーロラと流星の競演シンフォニー、第一楽章―真夏の夜の夢―カナダ、第二楽章―極北の熱情―アイスランド、第三楽章―湖上の旋律―カナダ　と銘打ち憧れの氷山の頭上に輝く流星、オーロラの競演を最終楽章とし、全曲の完成に挑戦する。

【氷山の町・イルリサットへ】

グリーンランドはアイスランドの北西に位置する世界最大の島で、大部分氷床から成っている。デンマーク領だが大幅な自治が認められている。人口は全土で五万六千ほど。中心の町は南西にあるヌーク。住民は先住民であるイヌイット（エスキモー）、デンマーク人、そしてこれらの混血も多い。今回は島西部のイルリサットとカンゲルルスアークを訪れ、前後はコペンハーゲンに宿泊する六泊八日の旅となる。

二〇〇二年一一月一七日、成田よりスカンジナビア航空でデンマークの首都コペンハーゲンへ。同日の夕方到着。シャトルバスで空港近くのラディソンサスホテルへ。チェックインと同時に、明日からのグリーンランドへの航空券等のバウチャーを受け取る。

翌一八日いよいよ未知と憧憬の大地へ出発。朝シャトルバスで空港へ。先ずカンゲルルススアークへ向かう。コペンハーゲンは曇っており、しばらくは雲海を見下ろすフライトとなる。しかしグリーンランドは晴天率がいいと聞いていたので、雲海は消えてくると思った。機窓から氷の大地の眺めも楽しみにしていたのだが、カンゲルルススアークに近づいても一向に雲海は消えない。コペンハーゲンから四時間半で到着。やはり曇っている。今夜がしし座流星群の極大日だが天候への不安が募る。ここからイルリサットへのフライトまで四時間あるので、じゃこう牛ウオッチングツアーを組み込んだ。

空港を出るとツアーの英語ガイドが迎えに来ている。車に乗り雪原を走りウオッチングポイントに行く。すると遠くに見えるではないか。しかし何頭も群れを成しているのだが、黒い豆のようで迫力がない。仕方がないので望遠レンズで撮影する。カンゲルルススアークも郊外の氷河湖のほとりで観測するオーロラツアーがある。

定刻になったのでイルリサットへ向かう。隣席の青年に「星を見たい。カンゲルルススアーク曇っているけどイルリサットの天気どうだろう」と聞くと、「イルリサットは大丈夫、晴れてるよ」との返事。その言葉どおりイルリサットに近づくと完全に雲海は消える。まもなく到着。今日から三泊するヴィードファルクホテルのスタッフが迎えに来ていた。空港の外へ出るともう陽

イルリサットで滞在したヴィードファルクホテル

が沈んでいたが完全に晴れだ。高まる気持ちを抑えながらチェックインする。

【雪原に輝く大火球！】

今夜が撮影本番なのですぐにロケハンをする。お目当てはもちろん氷山の見える場所。海沿いの道を歩きながら様子を見る。道路は思ったより外灯が多い。もう大分暗くなってきたが、満月の巨光で氷山が光っているのがわかる。一般的に満月は天体写真では邪魔者扱いだが、こういうときは助かる。適所はあるが風が非常に強い。気温はマイナス六度とそれほど低くはないが、西の氷山の方に薄雲が出てくる。一旦ホテルに戻ることを決める。時間的に余裕がないため通りがかったタクシーに乗る。「ヴィードファルクホテルまでお願いします」

と言うと、私の発音が悪かったのか、イヌイットのドライバーが連れて行った場所は何とディスコハウスだ。イルリサットの町地図のホテルの場所を指差しながら再度言うと、ようやく合点がいく。それにしてもイヌイットは本当に日本人そっくりだ。滞在中思わず日本語で声をかけそうになったこともあった。

ホテルの裏に回ると海に面しており、遠くに氷山がある。しかも風の影響もない。とりあえず撮影候補地とする。ホテルのスタッフに「星の観測をしたい。空が広く回りに外灯のない場所を探しています」と言う。「ああ、それなら南端のヘリポートがいい」と言い、車でロケハンに連れて行ってくれた。見晴らし、景色もなかなか良く人工光も全くない台地だ。これで撮影の青写真はできた。第一の出現はここで、第二の出現はホテルの裏だ。

グリーンランドでは第一の出現は翌日の午前一時、第二の出現は七時半頃となり両方とも観測できる。夕食後少し休憩し、二三時過ぎタクシーでヘリポートへ。薄雲もすっかり消え快晴だ。午前〇時一〇分撮影開始。だが〇時半近くまでしし座流星群は全く出ない。おかしい、もしや日にちを間違えたか?と思ったその時、北西にエンジ色の火球（木星以上に明るい流星）が飛ぶ！

いよいよ活動が始まった。そして一〇分後、いままでのしし座流星群で最高の感動が待っていた。それは北にエメラルドグリーンの輝きで始まる。マイナス五等（金星ほどの明るさ）の光度を保ち西へ九〇度ほど飛行し、最後に激しく爆発するように輝いた。思えば日本で「その日最

荒涼とした極北の大地にしし座流星群飛来

高」といわれた火球をことごとく撮り損じてきたが、これほどの長経路の大火球は歴史的出現となった昨年の日本でも見られなかった。これだけでもはるばるグリーンランドに来たかいがある。初めは真北にカメラを向けて撮影していたが、中央にアンテナがあり何となく外したい思いにかられ、西へアングルを振った。そのおかげで寸分の狂いなくファインダーに収まった。流星が長くなればなるほどファインダーに収まることが難しくなる。実はグリーンランドに来る一週間前、祖先の墓参に行った。この大火球は何か祖先の魂が導いてくれたように思えてならない。

しし座近辺に流星が結構出ているが、一時四〇分頃激減する。撮影場所を変えるため移動している途中、東の空に白い光が何本か立って

氷海の上を舞うオーロラとしし座流星群

いるではないか。オーロラだ！　急いでもとの場所に戻る。北にも西にも出ている。しかし今度は流星が出ない。思わず大声で「しし座流星群出てくれ！」と空に向かって叫ぶ。その思いが通じたのか、小さいながらも何枚かオーロラとの競演は撮れた。三時過ぎ撮影を切り上げホテルへは徒歩で戻る。

【満月のグリーンフラッシュに挑戦】

ホテルへは町を南北に縦断するわけだが、三〇分もかからず着く。第二の出現に備え、部屋に置いてあったフィルムを取るためホテルのドアを開けようとするが、開かない。鍵をかけられてしまった！　しかし中は明るい。誰かがいるはずだ、と思いドアを叩きながら大声で「開けてくれ！」と何度も叫ぶ。ようやく女性

イルリサット。暮色の氷山と船

が来て開けてくれたが、「ここにブザーがあるでしょう」と指を差した。よく見ると小さいが確かにある。大変きまり悪い思いをする。第二の出現がもう迫っているので焦ってしまった。

四時五〇分、オーロラが真上に出る。五時過ぎ予定通りホテルの裏で撮影再開。海部は西半分で満月がだんだん西に傾いてくるので、カメラは一台しか向けられない。まだ出現の谷間で六時半頃まで暗い流星がちらほら流れる程度。だが七時近くなって活発になってくる。しかし第一の出現と比べて暗く、明るいものでもマイナス三等（木星ほどの明るさ）程度だ。それでも幸運なことに北にオーロラが出現し「氷山の上のオーロラ、流星」を撮影できた。薄明が強くなってきたので、七時四〇分過ぎに撮影を終了。部屋に戻る途中、道で会った年配の男性に

「しし座流星群見ましたか」と聞くと、「うん、たくさん出たね」と言い、両手の指で空のあっちこっちの方向を指した。

部屋の窓から薄明の氷海に輝く満月が見えるので、三脚を立て望遠レンズで撮影する。時間が経つにつれ水平線上が地球影の青、その上がピンク色になる。前景に流氷があり大変美しい。極北の彩はオーロラだけではない。やがて満月が水平線に沈んでいくが、ここで大変興味深い現象を期待する。それは満月の変形とグリーンフラッシュだ。

日本でも厳冬期の北海道・道東で日の出の時、太陽が四角くなったり、初夏日本海に沈むとき変形する現象がある。また、まれに沈む直前や直後に太陽の上端が緑色に光るグリーンフラッシュもある。このグリーンフラッシュは大気が澄んでいることが条件の一つだ。大気が澄むほど太陽、月に赤味がからない。今、目の前にある満月はまさにそんな条件なのだ。しかし暗いときはよくわからなかったが、水平線にほんのわずか山がある。それでも多少五角形となり、また上縁がわずかに黄緑色に感じられた。写真には捉えられなかったが、条件さえそろえば満月のグリーンフラッシュも可能だと思う。月の撮影を終えたところで眠りに就く。起きたときは午後二時。外を見ると氷山群が夕日に輝いているではないか！　この時、はるか極北の地グリーンランドに来たという実感がひしひしと湧いてきた。それは本当に感動的な光景であった。

【氷海に舞うオーロラ】

この時期太陽が顔を出している時間が短い。もう一ヶ月もすると太陽が全く顔を出さない極夜となるだろう。夕食後空を見るがオーロラは出ていない。翌日の午前一時四〇分頃、イルリサット初日にロケハンした場所、桟橋の上から満月大の月に照らされた巨大な氷山の星景写真を撮る。しし座流星群はもう期待できないが、この時期おうし座流星群も数は少ないが活動している。しばらく撮影するが流星は出ない。後日現像すると、氷山と海面の際が碧色となり美しい。肉眼ではわからなかったが、淡くオーロラも写っている。その後、午前五時近くから七時過ぎまでホテルの裏で撮影する。結局この夜、眼視ではオーロラも流星も見なかった。

一一月二〇日、今日がイルリサット滞在最後の日。朝食後海岸を歩く。南の方に小高い丘がありてっぺんにアンテナがある。しし座流星群を撮影したヘリポートの方だろう。実は翌年の五月、ここで地平線ぎりぎりの箇所で金環日食が起こる。今回はそれに対する下見も兼ねていた。この丘の頂上なら最適だろう。ホテルに戻り金環日食の予想図を描く。（結局金環日食は行かなかったが）

夕食後しばらくホテルのロビーで休んでいた。すると外で犬の吠える声が聞こえる。外に出てみるとオーロラが出ている。すぐに近くの海岸に行き二三時過ぎ撮影を始める。大きなオーロラではないが、南や北方向に出ている。遠くの氷山の頭上に舞うその姿は極北の天女のようだ。北

イルリサットからカンゲルルススアークに向かう機窓より望む海岸線

緯六九度なので北極星の位置が非常に高く、ほとんど天頂にある感じだ。ときおり「ゴオーン」という氷山が崩落する音が聞こえる。自然のパワーの凄まじさを感じる。翌午前三時近くまで撮影したが、この夜も流星は出なかった。オーロラは肉眼では白っぽく見えたが、現像すると美しいピンク色に写っていた。

私は利用しなかったが、ここイルリサットでは、氷山クルーズやイヌイットの家庭を訪れるツアーもある。二〇〇四年には世界遺産に登録された。晴天率も抜群で、今後ますますオーロラツアーが催行されるだろう。

【最終楽章・極北永遠の彩輝】

一一月二二日、今日はカンゲルルススアークに宿泊する。昼過ぎ空港を発つ。天気は良く、機

カンゲルルススアーク。宵の早い時間に現れたオーロラ

窓から往きで見えなかった流氷の海が真下に見える。一時間足らずでカンゲルルススアークへ到着。ここはＮＡＴＯ（北大西洋条約機構）の元軍事施設だ。イルリサットよりずっと寒く、マイナス一八度。ホテルカンゲルルススアークに宿泊するが、ホテルは空港に隣接しており、あたかも空港施設のようだ。ホテルのレストランで遅い昼食を取る。とそのとき、私のテーブルにデンマーク人と思われる男が座り話しかけてきた。「どこから来たの」と。「日本から。デンマーク人ですか」と聞くと「そうだよ。自分はイヌイットの血が入ってるんだ」と言う。しかし見かけはほとんどデンマーク人と変わらない。「デンマーク以外で好きな国はどこ」と聞くと「オランダだね」と答えた。なるほどこの二つの国は国土が狭く平坦で、自由を愛し、共

通点が多い。

昼食後部屋に戻ると、撮影もほとんど終わったためか気が緩み寝てしまう。しかしヘリコプターの大きな音で起こされる。起き上がり窓を見ると、オーロラが舞っているではないか。急いで準備をし外へ出る。一八時半過ぎホテルから一〇分ほど歩いた場所で撮影開始。さきほどより大分おとなしくなってしまったが、二〇分ほど撮影できた。

結果的に今回は期待していたような派手なオーロラと流星の競演とはならなかった。しし座流星群も昨年の日本のように明るい流星がたくさん飛ぶということもなかった。しかし撮影数は六九個を数え、満月下の中それなりに出ていたのだ。特に初めの出現は放射点が低いにもかかわらず一分間の露光中、最高三個写った。

天文のグランドスラムのイメージからは遠いが、雪原の大火球の輝き、氷山の頭上に舞うオーロラの彩は永遠に私の心の中で色褪せることはないだろう。二〇〇一年のカナダより始めたオーロラと流星競演シンフォニーは最終楽章「極北永遠の彩輝」としてついに全曲の完成となった。

翌二二日、万感の思いを胸にグリーンランドを去る。隣の窓側にいたスウェーデン人が「グリーンランドは初めてなの」と聞いたので「そうですよ」と言うと席を代わってくれた。コペンハーゲンで最後の夜をすごし、翌日帰路につく。

六章――天空の超絶ドラマ、皆既日食

初めての皆既日食

中国・伊吾

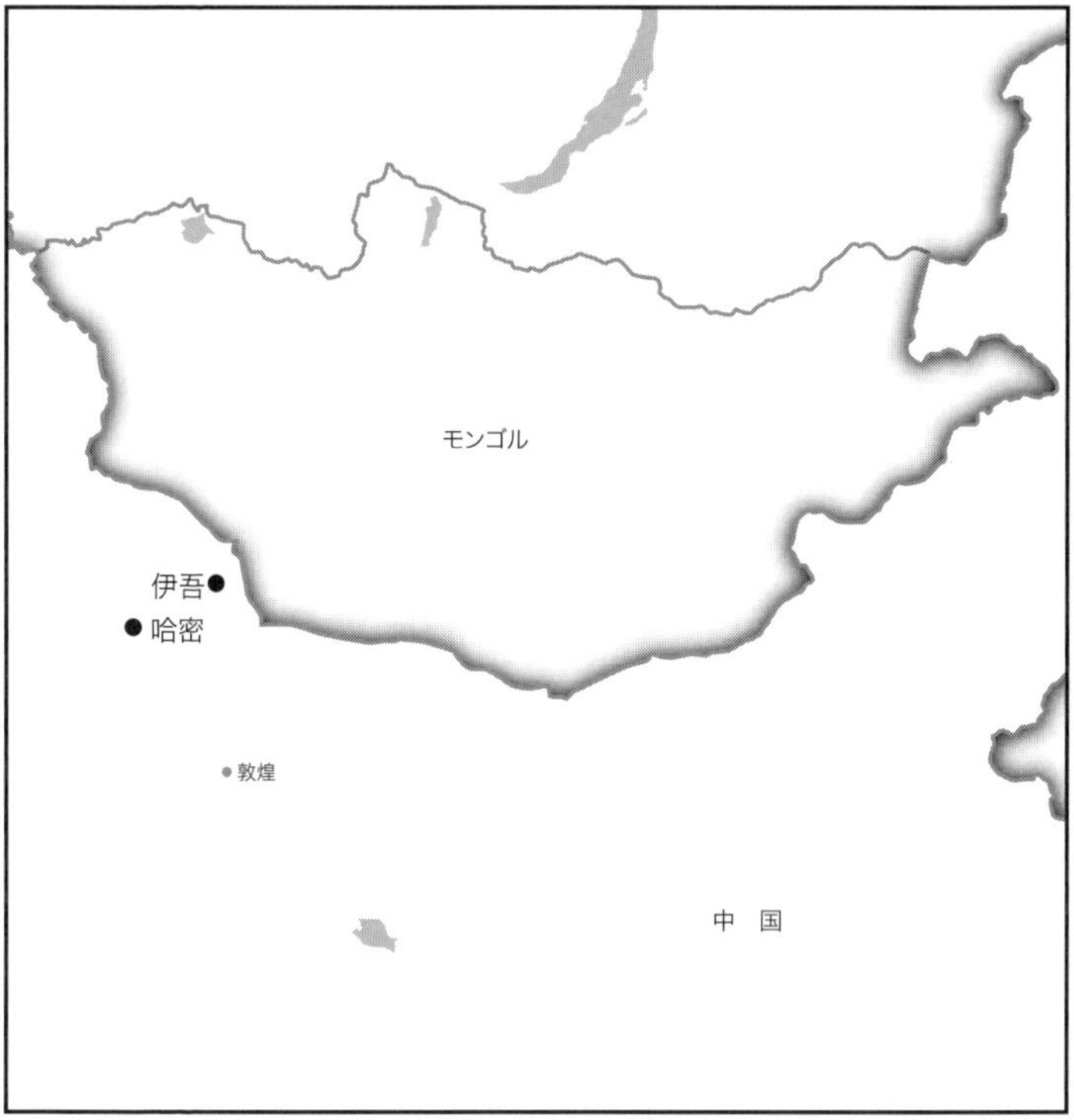

【四大天文現象の一つ・皆既日食】

前のグリーンランドの項でも述べた四大天文現象は、天体観測を趣味としている者が一生に一度は見てみたいものなのだが、この中でオーロラは白夜の時期を除いて極北地方へ何日か滞在すれば、かなりの確率で見られる。

流星雨はこの中で最もチャンスが少ないものかもしれない。二〇〇一年一一月一八日の深夜、日本でしし座流星群が一時間あたり千個以上出現したのはいまだに記憶に新しい。その翌年も北米からヨーロッパにかけてそれに近い出現があり、そのときの模様はグリーンランドの項で述べてある。これほどの流星雨は一生のうちで一、二度のチャンスだろう。一時間あたり一〇〇個程度なら、観測条件の良いときのふたご座流星群でも可能だ。またぎょしゃ座流星群の項でも述べたが突発的に来るものもあり、油断できない。

次に大彗星だが、これも一生のうちに出会えるのは数回程度だろう。最近では二〇〇七年、南半球で歴史的な大彗星となったマックノート彗星がある。日本では一九九六年の百武彗星、一九九七年のヘール・ボップ彗星が見事な姿を見せてくれた。

最後の皆既日食だが、病みつきになった者は日食病といわれ、世界のあらゆる場所まで観測に行く。皆既日食自体はだいたい三年に二度の頻度で起きているので、よほど辺鄙な場所でなければツアーもあり容易に行くことができる。実際皆既日食を体験した人に話を聞き、素晴らしいのはわかっていた。しかし私自身不思議とそれまでは特に行ってみたいと思わなかった。

皆既日食は月が太陽を完全に隠す現象だが、その順序が機械的でどの日食も同じではないか、ということでそれほど食指がわかなかった。しかしあらゆる自然現象も撮影していきたいので、ここは是非とも皆既日食のシーンもそれに加えたい気持ちになった。折しも二〇〇八年八月一日、中国シルクロードゆかりの地で起こる。他にモンゴルなどでも見られるが、シルクロードの好きな私は迷うことなくこの地で観測することを決めた。アイスランドのふたご座流星群撮影に同行し、やはり皆既日食は初めてというM氏を誘ったが、彼は仕事でプロジェクトを抱えており日程が合わず、今回は見送った。

【灼熱の伊吾へ】

七月三一日朝、成田から北京へ。この年は北京オリンピックの年にあたり、話題となっていた鳥の巣といわれる巨大な北京空港の国際線ターミナルに到着。規模が大きく出口へ向かうのもモノレールに乗って行く。出口を出るとガイドが待っていて国内線のターミナルへこれまたバスで移動する。ここから敦煌へ行くのだが、出発まで大分時間があるのでガイドが「今後のスケジュール表を見せて」と言う。ガイドに見せると「帰りの敦煌から北京に着いて国際線ターミナルへ乗り換える時間がきついね。下手をすると間に合わないかも」と言う。以後このことが気になってしまった。

蘭州を径由し敦煌へは夜到着。ガイドとドライバーが迎えにきていた。ガイドは李さんという、日本語は大連の学校で学んだという。明日未明に伊吾に出発するので、この日はホテルに向かい夕食を済ませると早々と床に就く。

翌早朝、ガイドとドライバーが迎えに来るがこれから別のホテルへ行くという。そのホテルからも今回の日食に行く日本人がいるので、一緒に行くという。ホテルに着くともう一台車が待っていて、日本人の女性一人がその車に乗った。まだ陽も昇らない薄暗いなかを伊吾へ向かう。舗装された一本道だ。やがて地平線から太陽が出てきた。このあたりどこを見ても地平線、サンライズやサンセットの撮影には最適だ。

まもなく前方に天山山脈の銀嶺が見えてきた。シルクロードに来た、という実感がしてくる。しかし日食観測地までは大分距離がある。昼食は伊吾の手前の哈密（ハミ）の街で取る。哈密は漢文化とウイグル文化の接点だという。日食の観測を終えたら今宵はここで泊まるのだ。哈密の屋外レストランで昼食となる。それにしても暑い。

私の前を走っていた日本人の女性に「日食のマニアなのですか」と聞いてみる。すると「来年日本で起こる皆既日食のTシャツをデザインするのです。そのために実際に日食というものをこの目で見たいの」と。彼女も皆既日食は初めてなのだ。前日敦煌に泊まり、何と鳴沙山の砂丘に

日食観測場所。灼熱の太陽が照りつける

かかる虹を見たと言って、携帯電話で撮影した虹の写真を見せてくれた。

　食事を終え観測地へ向かう。ここからまだ二〇〇キロほどある。天気はほぼ快晴だ。まもなく巴里坤（パリクン）との分岐点に来る。この巴里坤にも日本からいくつかツアーが出ていた。私もどちらかといえば巴里坤の方にしたかったのだが、右に進路を取り伊吾へ向かう。道路の右側には一面黄色のお花畑が広がっている。また敦煌の鳴沙山のような砂丘もあり、その向こうに天山の山々が見える。ここら辺はさぞ星空も美しいだろう。観測地へ行く途中、いくつか駐車スペースで休憩したがそこには必ず国家公安、つまり警察と思われる人がいた。北京空港でもそうだったのだが、物々しい雰囲気だ。

一六時頃、いよいよ観測地に到着する。すでにたくさんの車、ツアーのバスで一杯だ。ここは今回の日食用に国家が指定した場所だろう。場所代として旅行代金に当然含まれているはずだ。はっきり言って今回の日食はこれほど遠くに来なくても観測できるのだが。現地の旅行会社もそれに従っているのだろう。観測地にはメモリアル記念館のようなものがある。外にいると日食病、否日射病にもなりかねない暑さなので中に入る。中は太陽系の惑星やしし座流星群、彗星の写真等が展示してあった。

【感動、筋書きなき大スペクタクル！】

肝心の天気はというと、結構雲が多くなってきている。自分で車を運転していいのなら雲のない場所まで移動ということも可能だが、それは無理なので腹を据える。もう部分日食はすでに始まっている。今回日食グラスを持参しなかったが、ガイドの李さんが「これで見てみない」と言って写真のフィルム片を渡した。本当はちゃんとしたグラスでないと駄目なのだが。皆既一時間前となっても相変わらず雲が太陽を覆っている。正直この時点で今回の日食は半ばあきらめの境地になっていた。

しかし撮影の準備だけはしようと最前列の右端の方に陣取る。よく見るとここからはるか前方に何人もいる。やがて雲越しに太陽が三日月のように細くなっているのがわかる。同時に空も暗

皆既日食。右下は皆既帯から外れ太陽光が当たっている部分

くなり気温も下がってくる。そしてあと一〇分で皆既だ、というときに奇跡が起きたのだ！　何とそれまで覆っていた雲が切れ、太陽が顔を出したのだ！

後方から拍手と大歓声が沸き起こる。そのまま雲もまとわりつかず皆既直前に見られるダイヤモンドリングが美しく輝く。そして一九時七分ついに皆既となる！　再び後方から拍手と大歓声だ。群青色の空にポッカリと銀のリング（コロナ）が浮かんでいるではないか。これは夢か幻か。一瞬にして現実感を失った感覚だ。しかし紛れもない現実なのだ。もう無我夢中でシャッターを切る。皆既時間の二分間があっという間に終わる。再びダイヤモンドリングとなり太陽が姿を現してきた。私のすぐ隣には欧米人とわかる老夫婦が感涙にむせ抱き合っていたのが印象的だった。

それにしても何というドラマだろう。皆既直前に雲が切れるという、こんなシチュエーション誰が予想できただろう。否たとえ望んだとしても無理だろう。皆既日食そのものも十分ドラマチックだが、その過程も含めて日食の醍醐味というのを味わった。このハラハラドキドキ感は他の自然現象では味わえないものだ。それと皆との一体感も感じた。日食病の人達が毎回遠征する気持ちもよくわかる。帰宅後、巴里坤では伊吾と逆の結果になったことがわかった。つまり皆既直前まで晴れ、皆既中に雲の中という最悪のパターンだ。日食はギャンブルだ、と言われる所以だ。ガイドの李さんと握手をし、満ち足りた思いで観測地を後に哈密へ向かう。

【鳴沙山の天の川】

翌朝、再び敦煌へ向けて出発する。昨夜まで一緒だった彼女は何とウルムチまで行き、その日の飛行機に乗るという。大変な強行軍だ。昼頃敦煌に到着。昼食を済ませ少しホテルで休憩する。その後玉門関に行く。途中砂礫の向こうに街の建物が浮かび上がって見える。蜃気楼だ！地表が熱せられ、その上空の空気の温度差により光が屈折することにより生じる現象だ。玉門関に着くと前方の山の形が寝釈迦に見える。日本でも九州の阿蘇山がやはり見る位置により寝釈迦のように見える。

敦煌に戻り、夕方前日食の次に今回の旅の目的である鳴沙山に行く。まさにシルクロードの砂

玉門関への途中から見た蜃気楼。敦煌の街並みが砂漠に浮かぶ

漠そのものといった感じの砂丘の山だ。入場料を払い中に入ると、大きなカート車のような車で砂丘の近くまで行く。砂よけに靴の上からレンタルのオーバーシューズを履き、あとは砂丘を登っていく。高低差は一〇〇メートルほど、上部まで階段状になっているが最後の登りは砂の斜面なので足をとられ登りづらい。三〇分近くで尾根の上に出る。上には多くの人がいた。日没が近くなるとそれまで灰色だった山肌が黄色からオレンジ色になる。

やがて太陽が地平線に沈む。まだ薄明るいので砂丘を少し歩き、天の川の撮影場所を探す。日没から四〇分ほどで二等星までの明るい星が見えてきた。さらに二〇分も経つと完全に暗夜となり天の川もくっきりと見えている。北は敦煌の街灯りが結構きつく、また鳴沙山のライト

敦煌、鳴沙山の天の川。街の少し郊外に出ただけで驚くほど暗い空だ

アップもあるが、南方向は驚くほど暗い。東の空に明るい流星が流れた。敦煌の郊外に出ただけで第一級の天の川と出会えるのだ。

きりのいいところで撮影を終え鳴沙山を下りたら、ガイドの李さんが缶ビールを渡してくれた。

八月三日、名残惜しいが帰途につく。北京行きの飛行機まで少し時間があるので、白馬塔（僧が経典を担がせていた白馬の供養塔）を見学する。せっかく敦煌に来たのだから砂漠の大画廊といわれる、莫高窟を見学したかったのだが今回は余裕がなかった。北京空港で最初のガイドに指摘された乗り継ぎ時間のことが気になっていたが、よくよくスケジュール表を見ると何と乗り継ぎは同じターミナルではないか。安心して北京へ向かう。

七章——地球最高の天の川を求めて

天頂の銀河、白銀の大地に星影が映る!

ボリビア・ウユニ塩湖

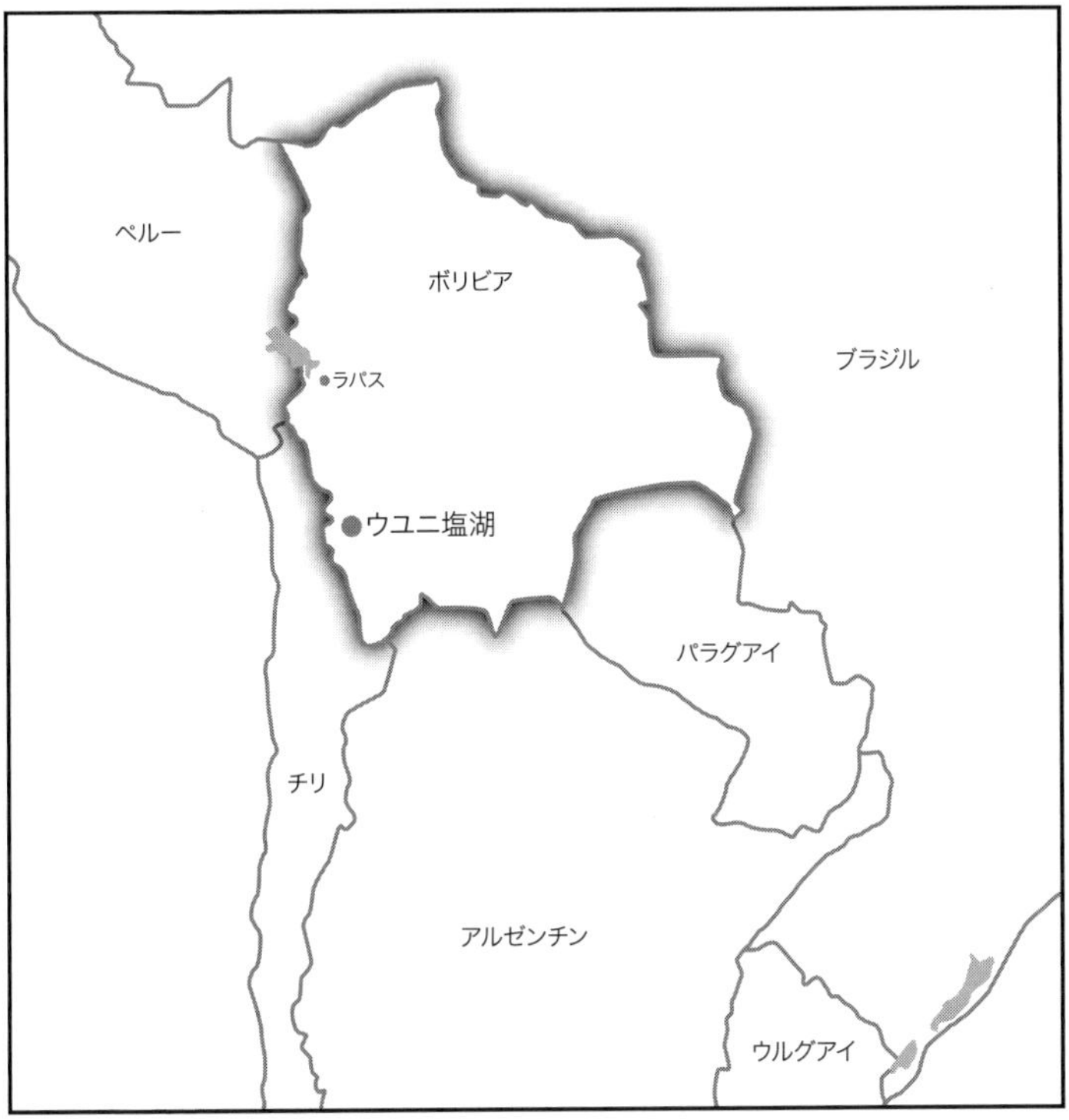

【地球最高の天の川が見たい！】

本書は世界五大陸から代表する絶景地を選定してあるが、やはりというか行きづらい南米が最後となってしまった。当初は最近脚光を浴びつつある、ブラジルのレンソイス国立公園を七月末のみずがめ座流星群で候補に挙げていたが、六月にスイスに行ったばかりであまりに余裕がない。次点は二〇一二年、アルマ計画のチリ、アタカマ高地からボリビアのウユニ塩湖に抜けるもの。しかし旅行社からアタカマで自由に星を撮影することはできない、と言われこれも暗礁に乗り上げる。以前から興味あった南半球でペルセウス座流星群を撮影することも検討したが、今ひとつ。

そこでいつもメインテーマは流星だが、今回は思い切って変えてみる。それは「天頂の天の川の中心部で大地に影が本当にできるのか」というもの。天の川（銀河）、これほど宇宙のロマンを感じる言葉もないだろう。天の川は星の密集地帯で、銀河系の端である地球からは中心部が凸レンズのように膨らんで見える。日本など北半球の中緯度地帯からはこの中心部が南の空の低空になるが、南半球ではこれが天頂にくる。そして地面に影ができる、といわれるのだ。私自身これまで星の影は意識したこともなかったし、半信半疑だった。

しかしこれを確かめるのにこれ以上ないうってつけの場所がある。先述のボリビア、ウユニ塩湖だ。世界最大の塩湖で乾季には一面真っ白な大地となる。南緯二〇度、人工光の影響など無く、しかも標高三六〇〇メートル。これはオーストラリアやニュージーランドをはるかに凌ぐ、まさに地球最高クラスの天の川の輝きであろう。奇しくも北半球のパミール高原カラクリ湖と同じ標高だ。アタカマから行くことも考えるが、予算、日数ともに数割はアップするのでウユニ塩湖のみとする。アタカマは二〇一二年のアルマ計画でこれから注目を浴びることになるが、絶景という点からみるとどうだろう。確かに世界最高所の間欠泉や高山湖もあるが、地球規模からすれば他でも見られるレベルだと思う。月齢等を考慮して出発は八月末。これなら薄明終了時、天頂に天の川のアーチがかかっている。

【はやくも高山病の洗礼】

しかし、今回はいままでの海外遠征とかなり状況が異なる。先ず移動時間が北米やヨーロッパと比べ倍長いこと。時差は当然として南半球は冬。日本の連日の猛暑からラパスという四〇〇〇メートル近い標高のため三〇度以上の温度差。つまり何重ものストレスを受けることになる。さらにラパスに着いてから一週間すべて三六〇〇メートル以上の滞在なので、当然高山病のリスクもある。加えて遠征前にいやなニュースの連続。七月にスイスの登山鉄道の事故、八月は何と北米・ブライスキャニオンへのツアーバスがハイウェイで横転するという事故。いずれも過去自分と関係ある場所だけに、いつになく緊張感が増す。

しかし、地上最高の天の川体験ができるというワクワク感が不安を緩和する。様々な思いが交錯するなか、二〇一〇年八月二八日成田を離陸する。アメリカン航空で先ずダラスへ。ダラスで米国の入国審査後マイアミへ。そしてマイアミからボリビアの首都ラパスへ。ラパスに近づくにつれ雲が切れ、機窓からボリビア・アンデスの誇るコルディエラ・レアル（帝国の山脈）が雄大な姿を見せてくる。左からイヤンプー、アンコウーマ、そしてあった！　コンドルが両翼を広げたような特異な姿のコンドリリ、さらに巨大なピラミッドのワイナポトシ、ラパスの守護神のようなイリマニ、六〇〇〇メートル級がずらりと並ぶ光景に長旅の疲れも吹き飛ぶようだ。

まもなく八月二九日朝八時、ラパス国際空港に到着。標高四〇八三メートル、世界最高所の空港だ。空港を出ると今回の旅を共にするガイド、マリセラが出迎えてくれる。彼女は先住民インディヘナと言うが、どう見てもメスチソ（インディヘナとスペイン系の混血）だ。幼少の頃、日本人学校で学んでいたことから日本語がペラペラだ。これから市内のプレシデンテホテルに行き、午前中休養し午後郊外のティワナカ遺跡見学の予定だ。しかしホテルに着いてから右首筋がずきずき痛みだしてくる。間違いなく高山病だ。ホテルのミネラルウオーターを飲み水分摂取に努めるが、だんだん吐き気を催し食欲もなくなった。こうなるともう行動不能だ。マリセラが迎えにくるが、事情を話し見学は中止。彼女は高山病の薬をくれた。午後も引き続き休養。結局この日は夕食も取らず就寝する。

【ＵＦＯ騒動】

たっぷり休養したせいか、翌朝は楽になっている。ホテルのレストランでフルーツ中心の朝食を取る。朝食後すぐに目的地のウユニ塩湖に出発だ。通勤時間帯ということもあり、結構混雑している。市内からぐんぐん高度を上げていく。ラパスの街がすり鉢状というのがよくわかる。三時間ほどで人口二二万の都市、オルーロに着く。ここのレストランで昼食を取る。その後ミネラルウオーターやヘッドライト等を購入。物価が大変安い。市場は活気があり、なんでもそろっている。売店の女の子はスペイン系の血を引いているせいか美人が多い。

オルーロからひたすら走る。このあたりはアルティプラーノという四〇〇〇メートルほどの高原台地が続く。ときおりリャマなどの動物が放牧されている。また遠くの山が浮いているような蜃気楼も見られる。オルーロから二時間位で舗装路が終わり悪路となった。高地ゆえ日差しが強烈に照りつけ暑い。大気が非常に澄んでいるせいか、地平線近くの太陽も思いのほか減光しない。日没後、ようやく今日から四日間滞在するホテル、ルナ・サラダが見えてくる。ウユニ塩湖を見下ろす高台にあるこのホテルに本当は日没前に着きたかった。日没時のグリーンフラッシュを撮影したいからだ。ここならかなりの確率で見られると思う。と、そのときだ。マリセラが突如「あの光を見て！」と太陽が沈んだ方を指差した。見ると陽が沈んだすぐ左上に黄緑色の光点がある。すると今度はその光点が二つ、三つに分かれ、最後は一直線になり消えた。

「間違いない。UFOよ」と彼女は言う。「そう言われてもちょっと信じられないよ。雲が地平線下の太陽の光を受けて光っていたんじゃないの」と言うと、少々強い口調で「いやUFOよ」と引かない。そしてさらにこうも付け加えた。「ここウユニ塩湖はよくUFOが見られるの」と。真偽のほどはもちろんわからないが、神秘的なウユニ塩湖ならではのちょっとしたハプニングだった。ただ沈んだ太陽の真上でなかったから、グリーンフラッシュでないのは間違いないだろう。

【奇観、インカワシ島】

ルナ・サラダにチェックインを済ませる。このホテルもそうだがウユニ塩湖湖畔のホテルは建物、家財のほとんどが塩で出来ている。部屋は二階で暖房もありトイレ、シャワーも付いている。窓からは塩湖方面が一望でき、薄明のオレンジ色が美しい。七時半、夕食を取りにレストランへ。今夜はチチカカ湖で取れたというマスのステーキにパン、サラダだ。頭痛はとれているが、高山病に効くというマテ茶を飲む。

夕食後、外へ出て頭上を見上げると、待ちこがれていた天の川中心部が輝いているではないか！　すぐに赤道儀と魚眼レンズによる全天撮影の準備をする。本当はウユニ塩湖上で撮影したいのだが、歩くとかなりの距離だ。ドライバーも疲れていることからホテル横のスペースで行

滞在した塩のホテル、ルナ・サラダ。ほとんど塩で出来ているが快適だ

う。西にホテルの室内灯が気になるくらいで、遠くにウユニの町の灯が見えるが全く影響ない。オーストラリアでもトライした南半球の極軸合わせだが、天気もいいのですんなりとはちぶんぎ座の台形を導入できる。しかし何ということか、北の方から雲が出てしまう。結局この日は不完全な二カットを撮っただけで終わりとなる。

翌三一日朝、窓から外を見ると曇っている。ジュース、フルーツで朝食を取る。今日はウユニ塩湖の真ん中にあるインカワシ島に行く。真ん中といっても片道七〇キロだ。ウユニ塩湖の面積は四国の半分もあり、塩湖として世界最大だ。トヨタのランドクルーザーで塩湖に入る。イメージしていた塩湖は真っ白な大地だったが、実際は

インカワシ島近くの塩湖表面。湖岸近くのものよりも六角模様が大きい。それにしてもどうして出来るのか本当に不思議だ

湖岸には下から水が湧き出している場所もある。なめてみると塩辛い

多少茶色がかっている。マリセラが「八月は風が出て埃が付くの」と。しかしだんだん進むにつれ白い大地となり、そして亀甲のように一面六角形の幾何学模様となる。この形状が遠々と続いているが生成理由は、はっきりとはわかっていないという。本当に不思議としか言いようがない。

まもなくインカワシ島に着く。高さ四〇メートル、無数のサボテンに覆われている。白い大地の中に異様ともいえる光景だ。宿泊施設はないがレストランがある。さっそくミニトレッキングに行く。サボテンを前景に広大な塩原が広がっている。実はここで流星星景写真を撮るのが一番の願いだったが、旅行社から夜間行くのは難しいと言われていた。しかし月光浴で有名な写真家、石川賢治氏が昨年「週刊新潮」に、そして数年前ナショナルジオグラフィック誌にも月光下のここの写真が出ていた。帰りは塩湖から水が湧き出ている場所を通る。ウユニ塩湖は太古の昔、海底が隆起し湖となり、その後水分が蒸発して塩湖になったといわれる。ただ塩湖といっても全て塩の大地というわけではなく、岸近くに水が池のように湧き出ている場所もある。池の水をなめてみるとしょっぱい。

ホテルに戻りマリセラに「インカワシ島で夜の写真が撮りたい。何とか便宜を図れないか」と言うと、「わかった。天気が良ければ夕方明るいうちに行きましょう」と言ってくれた。ところでサボテンはインカ時代、インカの人が種を植えたといわれている。

【連夜の悪夢】

ホテルに戻り、昼食を取る。レストランから塩湖が一望できるが、よく見ると遠くの山が浮いたようになっている。蜃気楼だ。どの方角を見ても蜃気楼現象となっている。ここでは蜃気楼は日常的だろう。昼過ぎ晴れてきたが塩湖の上空は雲が取れない。夕方外に出てみると、太陽の右側に幻日（げんじつ）が出ている。幻日は太陽から二二度離れた位置にある氷晶が太陽の光を屈折させ虹のように色づくもので、色彩が強いとあたかも太陽のように見えるので「にせ太陽」とも呼ばれる。日本でも春先に多く見られた年があった。

蜃気楼。ウユニ塩湖では毎日のように蜃気楼現象が観測された

今日の夕食はビーフステーキだ。夕食後外へ出てみると晴れているではないか。急いで撮影の準備をする。二〇時一五分、撮影開始。全天星空の撮影は三〇分の露出時間だ。しかし何と言うことか。撮影から一五分経ったころ、またしても北の方から曇ってしまう。天候の回復は望めそうもない。もう少し早くからやるべきだった、と後悔しつつ部屋に戻り就寝する。夜中窓から外を見ると星は出ているが雲も多く、写真を撮れるレベルではない。しかし星明りだろうか、雲がはっきりとわかる。

翌九月一日は朝からべた曇りだ。マリセラも「雨季でさえこんな天気はないよ」と困惑気味だ。ウユニ塩湖は六～九月は乾季のベストシーズンと聞いていた。毎日が抜けるようなアンデス晴れとのイメージは完全に崩れさった。とりあえず今日は近郊の町に行く。先ず車で一時間ほどのウユニの町に到着。人口一万少々のこの町は大半がインディへナで塩湖観光の拠点となっている。あるレストランのドアに日本人観光客が書いた張り紙があった。紙には「ウユニ塩湖、夕焼け、星空最高！」とあった。滞在中果たしてこれを実証（撮影）できるか心配だ。

マリセラとカフェに入り私は旅の真の目的を話す。「ここで何としても星空を撮影しなければならない。今晩と明日の夜、万が一だめなときはラパスの二泊のうち一泊をここに当てられないか。でないとまた日本から八千ドルかけて来なければならない」と。彼女は少し考えて「出来ないことはないが高くつくわよ」と答える。この後、コルチャニという小さな町へ。ウユニ塩湖で精製した塩や塩で作った民芸品などが売られている。ホテルに戻りレストランで昼食。そのとき何と一瞬雪が舞った。夕方晴れてくるが相変わらず塩湖の方は曇っている。しかし夜になると本格的に雪となり、今夜も撮影できず。

翌二日、外を見ると雪が五センチ位積もっている。まさかここでこの時期積雪を見るとは。しかしマリセラが「こんなことめったにない。インカワシ島のサボテンが真白くなっていればめずらしい」ということで朝食後、再度インカワシ島へ向かう。しかし塩湖の上空では雪は降っていなかったようだ。インカワシ島のサボテンは期待していた雪化粧ではなかった。その後塩湖北岸

インカワシ島。塩湖の中央に忽然と姿を現す不思議の島。サボテンで覆われている

に聳える大きなトゥヌパ火山（五四三二メートル）へ向かう。北岸には大きな池がありフラミンゴがいる。塩湖から数百メートル登ったトゥヌパ火山の展望台からは塩湖が美しく見える。ホテルに戻る途中、何か碑のようなものがあるので見てみると、何と二年前の五月ここで日本人五人を含む計一三人が亡くなった車両事故の碑だ。碑には亡くなった人の名が刻んである。思わず合掌をする。

午後からだんだん晴れてくるが、夕方近く風が非常に強くなり再び曇ってしまう。チリのアタカマから来たという日本人の一団がホテルに到着。聞けばアタカマでは良い天気だったが、昨日ボリビアに入ると悪くなったという。どうやら寒気が来襲したとのこと。

夕食後晴れ間も出てきたのでなんとか数カッ

ト星野写真を撮る。しかし目的の全天写真は結局今夜も撮れなかった。部屋に戻りあきらめの境地で荷作りをする。それにしても五月のオーストラリアといい、つくづく自分は南半球とは相性が悪いものだと思う。逆に北米などは良すぎるくらいなのだが。

【本当に星影が出来ている！】

翌朝外を見ると、今までと様子が違う。風もおさまり塩湖の上空に雲があるが、地平線には全く雲がないではないか。遠くの山もはっきり見える。なんだか他の星に来たような感じだ。今夜なら間違いなく晴れと確信する。レストランに行くとマリセラが「今日はどうします」と聞く。ちょっと意外だった。もうラパスに戻るものだと思っていたからだ。私は「目的はあくまでここの星空の撮影。今日のこの天気ならもう一日残りたい」と。すると彼女は「わかりました。オフィスに連絡します」。もう天にも昇る気持ちだ。

昼食後、マリセラが日本で放映したウユニ塩湖のビデオを見せてくれた。何でも彼女がコーディネートに協力したものだ。ロケは五月だが雲一つない青空だ。天気がいいので夕方ウユニ塩湖の絶景を撮りに行く。六角模様のはっきりした場所に行き、そのときを待つ。やがて陽が地平線にかかると塩湖が最高の表情を見せ始めた。六角模様がピンク色に浮かび上がったのだ。すごい！　この世のものとは思えない光景に酔いしれる。陽が沈むと大地は再び白くなった。その後

撮影開始時のウユニ塩湖の全天星空。多少薄明の影響があるが天を二分する天の川の輝きは素晴らしい。西（写真右側）に舌状の黄道光がよくわかる

逆さオリオン。南半球では北半球と星座の向きが上下逆になる

塩湖の岸近くで待望の全天撮影だ。

まだ西空に多少残光の影響のある一九時四〇分、撮影を開始。この残光は黄道光といって、宇宙空間のチリが沈んだ太陽に照らされて舌状に見える光芒だ。今回の撮影の最大の目的こそ天頂の天の川と黄道光がクロスするシーンなのだ。それにしても西空の金星も明るい。その輝きは白い大地に反射するほどだ。

やがて目が闇になれてくると、ついに天の川の輝きの強さを知ることになる。大地に手を近づけてかざすと黒っぽくなるのだ。影だ！　そして数メートル先の三脚の存在がわかるし、自分のはいているベージュ色のズボンもわかる。当然ズボンに手をかざせば影が出来る。もう他に何もいらない。この星空こそが最高の絶景なのだから。わがままを聞いてくれたマリセラには本当に感謝する。

ホテルに戻り遅い夕食となる。フォルクローレの名曲「コンドルは飛んでいく」を聞きながら充実感でいっぱいだ。その後日付が変わり、月が出てから星景写真を撮る。下弦より細くなったが、南にマゼラン雲がはっきりわかる。東には冬の星座の王、オリオン座が昇っている。普段日本で見慣れているのとは逆さまの姿だ。

【地球の未来をになう】

部屋に戻りそのまま朝を迎える。日の出前の西の空はピンク、その下が地球の影の青と地球影が美しい。朝食後すぐにラパスに向け出発。まもなくマリセラが「あの雲きれいね」と指をさす。彩雲だ！　車から降り急いで撮影する。ここのところ旅のフィナーレは気象現象と縁がある。オーストラリアでは虹、スイスでは環水平アークだった。

ウユニ塩湖は乾季ももちろん良いが、一二月～三月の雨季もまた素晴らしいという。一面水が張り、天気が良ければ水鏡となった湖面に星が映る。中へ入れば足元からてっぺんまで全方位、全空間星で満たされ、まるで宇宙空間にいるような不思議な感覚を味わえるだろう。機会があれば雨季も是非訪れてみたい。また塩湖の地下には世界一の埋蔵量といわれるリチウムが眠っている。近年このリチウムをめぐって各国が争奪戦を繰り広げている。リチウムは今後貴重な資源となるだろうが、塩湖の美観を損なわないことを切に願う。

また隣接するチリ・アタカマは二〇一二年、アルマ計画を開始する。これは多数の巨大電波望遠鏡でこれまでわからなかった宇宙の深淵を探ろうとするもの。いずれも今後の地球にとって重要な役割を担う地だ。

ラパスから帰路の飛行機で、スペイン語を専攻している日本人の男子留学生と会う。私が「留学先にボリビアを選んだのはなぜ」と聞くと、「ボリビアは日本でまだ誰も専門の研究をしていないからです」と。「まだ誰もやっていないこと」。これはまさに今の自分自身にもあてはまることだった。本書のタイトルである「地球絶景星紀行」も前例がないテーマだ。そして今回の旅で完成した。なぜここまでできたのか。興味を持つ、好奇心がきっかけとなるが、一つの形となるにはそれを継続しつづけたからこそ。月並みだが「継続こそ力」と改めて思う。彼にも是非夢を実現してほしい。成田に着き激励の言葉をかけ別れた。

実はダラスから成田への帰路、航路は思いもよらずアラスカの上空を通った。かつてオーロラを追い求めたアラスカは、まさに海外遠征の原点ともいうべき場所。「またスタートラインだぞ」と言われていると同時に、ちょっぴりねぎらってくれているようでうれしかった。

おわりに

【山岳写真から流星星景写真へ――一生を賭けて値するもの】

小学校低学年のとき、父が買ってきた「日本の渓谷」という写真集の中で一枚の写真に惹かれました。その場所は日本の山岳を代表する絶景地である上高地でした。「こんなに美しいところがあるんだ！」と子供心にも思いました。数年後、家族で上高地に行き、以来すっかり山の魅力と写真に取り憑かれてしまいました。その後も自身で山のガイドブックや写真集を買い、暇さえあれば見ているという状態で、学校にも持参し休み時間にも開いていることもありました。そのため周囲からは奇異に見られていたことと思います。父からも「おまえ、そんなの見ているよりも教科書を読んだらどうなんだ」となかばあきれ口調で言われる始末。中学時代から兄にカメラを借りて山岳写真にも傾倒していきました。

そして年数が経ちありきたりの山岳写真では満足できなくなり、何とか自分なりの個性を出せないかと模索していた頃、オーロラと出会いました。そのことがきっかけとなり、夜の山の世界に目が向き星空と山並みの両方を写すことになりました。山に限らず地上の景色と星空を写した写真を一般に「星景写真」と呼んでいます。そして一九九三年夏、マスコミによるペルセウス座流星群大出現騒動の時、当然山岳に流星をあしらおうと考え北アルプスの五色ヶ原へ行きました。結果は例年の時とほぼ変わらぬ出現でしたが、オレンジや青色に輝きながら夜空をダイナミックに飛ぶ流星の魅力にすっかり虜になってしまいました。一瞬の輝きだからこそ美しいと思います。一瞬の輝きだからこそまた会いたいとも思います。また流星をテーマとした星景写真をまとめた人もいなかったので、それなら自分がそのパイオニアになろうと強く決意したのです。そしてそれ以降、流星の星景写真が主目的となります。しばらくは国内でやりましたが、日本にはないスケールと質を求め世界の絶景へと広がっていきました。

地球の絶景とそこに輝く流星を撮るということは、この宇宙の中で地球という美しい星に生を受けたことへの私なりの謝意の表現といってもいいかもしれません。そしてこんなにも地球は美しく、そして宇宙も輝いているということを知ってもらいたいのです。物質的な満足では決して得られないものがあるからこそ一生を賭けて追求する価値があると思います。今後もまだ見ぬ絶景の下で宇宙の輝きを追い続けるつもりです。

最後に本書の出版のきっかけを与えてくれた地人書館の飯塚氏、同じく助言御指導いただいた永山氏、そして家族、旅でお世話になった全ての方達に感謝します。

二〇一〇年一〇月、オリオン座流星群の極大前に

駒沢満晴

地球絶景星紀行

美しき大地に輝く星を求めて

◆

2010年11月30日　初版発行

著　者　駒沢満晴

発行者　上條　宰

発行所　株式会社 地人書館

〒162-0835　東京都新宿区中町15

TEL　03-3235-4422

FAX　03-3235-8984

郵便振替　00160-6-1532

E-mail　chijinshokan@nifty.com

URL　http://www.chijinshokan.co.jp

◆

印刷所　モリモト印刷

製本所　イマヰ製本

◆

ISBN978-4-8052-0826-7 C0044